江苏省示范性高职院校建设成果
职业院校电子类专业规划教材

电子产品辅助设计与开发

殷庆纵 主编
张 洁 翟 红
张宇峰 王 栋 副主编

电子工业出版社
Publishing House of Electronics Industry
北京·BEIJING

内 容 简 介

本书根据目前职业教育改革要求,以智能遥控小车为载体,通过电子产品开发的 5 个典型的模块,介绍电子产品设计与开发的全部过程,即电子产品设计方案分析、电子产品硬件的设计与制作、电子产品控制程序的编写、电子产品的组装与调试和电子产品技术文件的编制。本书注重能力培养,采用项目式引导教与学,内容贴近电子行业职业岗位要求。学生通过真实任务的实施,获得所需知识,提高动手能力。

本书可作为高职院校电子信息类、通信类等专业的学生教材,同时也可作为广大电子制作爱好者的参考用书。

未经许可,不得以任何方式复制或抄袭本书之部分或全部内容。
版权所有,侵权必究。

图书在版编目(CIP)数据

电子产品辅助设计与开发/殷庆纵主编.--北京:电子工业出版社,2014.12
ISBN 978-7-121-24783-5

Ⅰ.①电… Ⅱ.①殷… Ⅲ.①电子产品－计算机辅助设计－高等学校－教材 Ⅳ.①TN602-39

中国版本图书馆 CIP 数据核字(2014)第 270369 号

责任编辑:贺志洪		特约编辑:张晓雪　薛　阳		

印　　刷:三河市鑫金马印装有限公司
装　　订:三河市鑫金马印装有限公司
出版发行:电子工业出版社
　　　　　北京市海淀区万寿路 173 信箱　邮编　100036
开　　本:787×1092　1/16　印张:10.5　字数:269 千字
版　　次:2014 年 12 月第 1 版
印　　次:2014 年 12 月第 1 次印刷
印　　数:1500 册　定价:29.00 元

凡所购买电子工业出版社图书有缺损问题,请向购买书店调换,若书店售缺,请与本社发行部联系,联系及邮购电话:(010)88254888。

质量投诉请发邮件至 zlts@phei.com.cn,盗版侵权举报请发邮件至 dbqq@phei.com.cn。

服务热线:(010)88258888。

FOREWORD

随着我国高等职业教育改革不断深入,人才培养的目标更加明确,课程设置更加体现工作过程和岗位要求,基于工作过程的课程体系正成为高等职业教育课程的主流,编写体现这一改革思想的教材已成为当务之急。

本书作者在编写教材过程中,结合江苏省示范性高职院校建设的课程改革契机,在相关岗位能力要求调研的基础上,以"工作任务为线索,实际电子产品为载体,任务实施为导向"的编写原则,通过电子产品设计过程中的5个模块,阐述电子产品设计与开发的全过程,从多角度、全方位地体现高职教育的特色。

本教材是"会、企、校"共同合作编写。中国台湾省嵌入式暨单晶片系统发展协会、苏州汉达工业自动化有限公司和苏州电子产品检验所有限公司分别为本教材提供了项目载体及有关资料,并且参与了教材的编写。与同类教材相比,本教材具有以下特点。

（1）本教材打破了传统的理实脱节、学科本位的教材体系,以实际的产品为载体,构建项目的学习任务,并围绕项目的完成过程展开课程内容。充分体现"教、学、做"一体的高职教育特色,注重培养学生的职业能力。

（2）本教材以工作任务为导向,由任务入手引入相关知识和理论。每个任务按照任务目标→工作任务→任务环境→任务实施→任务总结→相关知识的思路安排结构,体现"在学中做,在做中学"的教学思路。

（3）本教材基于生产实际和岗位能力需求,重构传统知识体系,充分体现以应用为目的,以必需、够用为度,使学生充分体会"学有所用"。

本教材理论内容适当,实用性强,紧密结合学生的职业能力培养目标,从电子产品设计与开发的一般规律出发,以循序渐进的方式使学生获得比较完整的电子产品设计与开发的基本能力,具备从事电子产品的辅助设计与开发的能力。通过本教材的学习,可提高学生的综合素质与职业能力,为学生的职业生涯发展奠定基础。

本教材改变了传统课程"一考定终身"的课程评价体系,课程评价采用过程评价与结业评价相结合的原则,并且以学生自我评价和小组互评为主,教师在评价过程中仅起引导作用。本书由殷庆纵任主编,张洁、翟红、张宇峰、王栋任副主编,钱昕、薛迎春参编,全书由苏州工业职业技术学院殷庆纵、翟红和苏州汉达工业自动化有限公司总工程师张洁统稿。苏州电子产品检验所有限公司袁志敏任主审。

由于编者经验不足,且高职教育发展迅猛,书中难免会存在不足之处,敬请各位读者批评指正。

编 者
2014.4

目录

模块一 电子产品设计方案分析 ……………………………………………………… 1
  项目一 电子产品功能分析与器件选择 ………………………………………… 1
    任务 智能小车系统功能分析与器件选择 ………………………………… 2
      1.1 电子产品设计的一般流程 ………………………………………… 3
      1.2 智能遥控小车产品功能要求 …………………………………… 10
  项目二 电子产品机械结构图的绘制 ………………………………………… 17
    任务 智能小车机械结构图的绘制 ………………………………………… 18
      1.3 机械结构三视图设计实例介绍 ………………………………… 19
  项目三 电子产品电路原理图的绘制 ………………………………………… 23
    任务 智能小车电路原理图绘制 …………………………………………… 23
      1.4 原理图绘制介绍 ………………………………………………… 24

模块二 电子产品硬件的设计与制作 …………………………………………… 35
  项目一 电子产品硬件电路 PCB 的设计及制作 ……………………………… 35
    任务 智能小车主控实物板的剖析与制作 ………………………………… 36
      2.1 主控电路电路板的剖析方法 …………………………………… 37
    任务 智能小车遥控实物板的剖析与制作 ………………………………… 57
      2.2 智能小车遥控实物板的剖析与制作 …………………………… 58
    任务 智能小车驱动实物板的剖析与制作 ………………………………… 62
  项目二 电子产品控制电路的安装 …………………………………………… 64
    任务 智能小车主控实物板的安装 ………………………………………… 65
      2.3 智能小车主控实物板的安装介绍 ……………………………… 66
    任务 驱动板实物板的安装 ………………………………………………… 69
      2.4 驱动板实物板安装介绍 ………………………………………… 70
    任务 遥控板实物板的安装 ………………………………………………… 74
      2.5 遥控板实物板的安装介绍 ……………………………………… 75

模块三 电子产品控制程序的编写 ········· 79

项目一 电子产品功能模块程序的分析 ········· 79
任务 智能小车功能模块程序的分析 ········· 80
3.1 电子产品模块功能设计要求 ········· 81
3.2 步进电机的驱动 ········· 82
3.3 电子产品各模块程序分析 ········· 86
3.4 Keil μVision4 软件简易教程 ········· 92

项目二 电子产品主程序的编写 ········· 101
任务 智能小车主程序的编写 ········· 101
3.5 电子产品主程序及流程图 ········· 102
3.6 电子产品程序的烧录 ········· 104

模块四 电子产品的组装与调试 ········· 111

项目一 电子产品工装测试夹具的制作 ········· 111
任务 智能小车工装测试夹具的制作 ········· 112
4.1 工装夹具设计的基本要求 ········· 112
4.2 工装夹具设计的方法与步骤 ········· 114

项目二 电子产品的组装 ········· 116
任务 智能小车的组装 ········· 116
4.3 电子产品整机组装 ········· 119

项目三 电子产品的检测与调试 ········· 122
任务 智能小车的组装 ········· 122
4.4 电子产品的检测与调试 ········· 125
4.5 数字示波器的简易教程 ········· 128

模块五 电子产品技术文件的编制 ········· 131

项目一 电子产品设计文件的编制 ········· 131
任务 智能小车设计文件的编制 ········· 132
5.1 电子产品整机技术文件介绍 ········· 133
5.2 电子产品设计文件 ········· 135

项目二 电子产品工艺文件的编制 ········· 140
任务 智能小车工艺文件的编制 ········· 141
5.3 电子产品工艺文件 ········· 142

附录 A 电子产品的设计文件格式 ········· 148

附录 B 电子产品的工艺文件格式 ········· 153

模块一

电子产品设计方案分析

模块综述

电子产品设计方案分析是电子产品设计的开端。通过这一模块的学习,使学生熟悉电子产品设计的一般流程与方法,并具有分析、规划、评估、决策的能力。根据产品功能要求,自上而下地进行系统分析、框图设计、方案细化、核心元件的选型以及机械结构和原理图的设计,为电子产品设计打好坚实的基础。

项目一 电子产品功能分析与器件选择

这部分将提高研发助理对电子产品设计的总体分析、决策能力。通过了解电子产品设计的一般流程和方法,把握完整产品的功能设计要求,确定系统框图和功能模块组成,选择合适的元器件。

通过该项目,将达到以下要求:
- 能根据电子产品功能要求分析设计方案,绘制系统方框图;
- 确定功能模块组成,选取合适的器件。

重点知识与关键能力要求

重点知识要求:
- 电子产品设计一般流程;
- 电子产品设计一般方法;
- 单片机系统设计相关知识。

关键能力要求:
- 掌握电子产品的一般设计方法;
- 掌握系统框图的绘制方法;
- 掌握器件选型的方法。

任务　智能小车系统功能分析与器件选择

[任务目标]
- 能根据电子产品功能要求分析设计方案；
- 能绘制系统方框图；
- 能分析典型电子电路；
- 能分析单片机典型外围电路和外设扩展电路；
- 能收集相关器件的技术资料；
- 能读懂电子元器件中英文规格书；
- 能根据功能要求选用技术参数相符或相近的器件。

[任务要求]
- 根据电子产品功能要求分析设计方案；
- 设计系统框图，使用 Office 软件绘制系统方框图；
- 确定功能模块组成，并根据性能、价格等因素选取合适的器件。

[任务环境]
- 每人一台计算机，预装 Office 软件；
- 以 3 人为一组组成工作团队，根据工作任务进行合理分工。

[任务实施]
本任务要求完成以下四个方面任务：
- 分析、绘制电子产品设计一般流程框图；
- 分析、绘制智能遥控小车系统框图；
- 分析、绘制智能小车各部分硬件框图；
- 搜集器件资料，完成器件选型。

1. 绘制电子产品设计流程框图

① 学习电子产品设计相关理论知识和流程图绘制相关知识。

② 找出电子产品设计的一般规律，绘制出电子产品设计的流程图。

2. 智能遥控小车系统框图设计

① 学习了解智能小车的规格书及功能要求。

② 采用电子产品设计一般方法，分析设计思路及原理，划分功能模块，利用 Office 中的 Microsoft Office Visio 组件绘制智能遥控小车的系统流程框图。

3. 智能遥控小车各功能模块硬件框图设计

① 进一步深入学习掌握智能小车各模块的具体功能要求。

② 采用电子产品设计一般方法，分析各功能模块设计思路及原理，利用 Office 中的 Visio 组件绘制智能遥控小车的分模块硬件框图。

4. 完成各模块的重要元件选型

① 根据分模块硬件功能框图，分组讨论，提出各组的可行性方案。

② 搜集器件资料，具体化方案中的核心器件，初步完成元器件明细表，确定元件的参数

及封装,为设计原理图及 PCB 版图做准备。

[任务总结]

1. 知识要求

通过任务的实施,使学生掌握电子产品设计的一般流程和设计方法。

2. 技能要求

能根据电子产品功能要求分析绘制系统框图,各部分硬件框图,完成器件选型。

3. 其他

总结学生在分析和设计电子产品的一般流程中存在的问题并给予指导。

[相关知识]

1.1 电子产品设计的一般流程

1.1.1 流程框图

电子产品设计的一般流程如图 1.1 所示。

对电子产品开发流程简单说明如下:

① 简单的电子产品,要根据情况,对上述流程各阶段有所取舍。

② 重要的电子产品,可以将模型和初样分成两个阶段,每个阶段后都作评审。

③ 电子产品的开发和机械产品的开发各有特点,流程也有所差异。例如,电子产品做完设计后,必须先做部分或全部的模拟性或验证性的试验,再做试产,而机械产品只有生产出来后才能试验。当开发机电混合产品时,必须将这两种情况考虑进去。

1.1.2 流程各阶段的工作内容及形成的文件

1. 需求性论证

需求性论证中的主要工作内容包括:

① 市场前景调查,有无同类产品面市。

② 经济与社会效益预估。

③ 目前国内外技术水平的了解与分析。

该阶段论证完成后要求出具需求性论证报告。

2. 拟定任务书

计划任务书,其内容应包括:

① 产品的主要功能、用途及技术指标要求。

② 技术水平状态(与国内外水平比较)。

③ 完成时间。

④ 开发经费。

⑤ 主要负责人(或单位)及主要参研人员。

⑥ 任务书的制定(或下达)单位、负责人。

注意:任务书一般是由用户或上级单位或领导制定的,不大可能(也没有必要)指出技术难度或技术关键是什么,因此,任务书中一般不包括技术关键的内容。当任务书由开发单位自己拟定时,如果先作了方案,则"关键技术"已经分析出来了。尽管如此,也不必将"关键技术"列入任务书中。

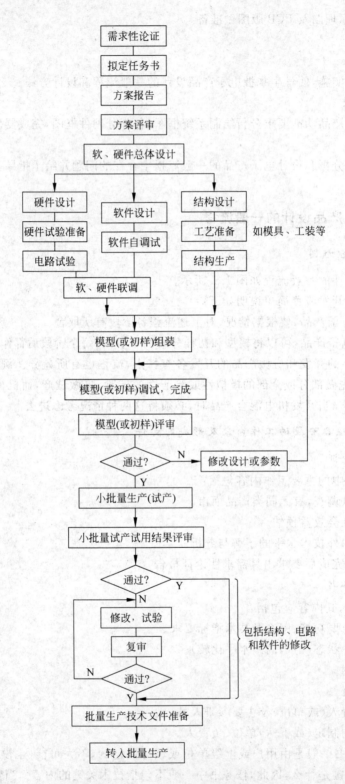

图 1.1 电子产品设计流程图

3. 方案报告

(1) 方案报告的主要内容

方案报告中要求包括可实现性论证、主要技术途径等内容。

① 可实现性论证，包括三方面：软件、硬件、结构要求的可实现性；现有元器件和材料的性能对可实现性的满足状态；技术和工艺难度的大小和解决办法等。

② 主要技术途径，包括以下几方面：产品应具有哪些主要功能和技术要求；有哪些关键技术，需要采取什么样的技术措施；有无关键元器件和材料，需要采取什么样的解决措施；采用何种电路和工艺方案；软件采用何种语言。

总之，方案报告中要确定技术方向和达到目的的手段。

③ 关键元器件及材料的来源。

④ 所需要的仪器和设备。

⑤ 需要外部协助加工的项目。

⑥ 需要的经费预算。

⑦ 人员配备及开发周期，拟出各阶段计划。

(2) 产出文件

拟定出方案报告（或方案设计报告）。

(3) 方案评审

方案报告是产品开发很重要的一步，上级主管部门、技术领导（如总工程师）、参研部门主要人员都应当认真对待，方案所确定的方向、原则、关键技术、仪器设备、经费等牵涉到企业或公司的多个部门。因此，如果方案定得不妥当，将会造成很大的人力、物力的浪费。

① 方案评审的主要内容包括四方面：所拟定的方案是否可行；重要的修改建议；可否转入产品开发阶级；有关部门有什么困难及解决办法。

② 写出评审结论。

4. 总体设计

(1) 总体设计的主要工作

总体设计的主要任务是根据功能和技术要求，拟定软件和硬件的主要功能模块，提出（或商定）结构要求。总体设计的主要工作有：

① 基本构成模块和各模块之间的关系。

② 各模块的功能及完成功能应采取的技术手段（方法）。

③ 模块中需要的关键元器件的性能简述。

④ 分析软件整体功能，拟定软件结构（流程），说明各模块的主要功能，必要时，对需要的算法进行详细的说明。

⑤ 规划整机结构，拟定结构要求，包括整机的外形、机箱、机架、操作面板等。

⑥ 外部连接方式（电缆、导线、光纤等）和接口类型。

(2) 产出文件

在总体设计阶级中，要求产出的文件有：

- 总体设计报告（包括总体框图）；
- 结构设计要求；
- 软件流程图。

5．硬件设计

（1）硬件设计的主要工作

硬件设计阶段中要规划整机布局，确定各单元之间的电气与机械连接，分配各单元的技术指标。硬件设计中的主要工作有：

① 各单元（或板级电路）的逻辑电路设计。

② 提出元器件、材料及线材清单（或物料表），并进行订货与采购。

③ 印制板（PCB）结构设计，确定板的形状、尺寸大小和安装孔。

④ 提出印制板的计算机辅助设计（CAD）的要求，如元器件布局要求，电源、地线（如地线种类、汇交方法、分层、大面积敷铜等）的要求，线宽、线密度和走线要求，特殊安装孔、焊盘和印制板标记等。

⑤ 进行 PCB 的计算机辅助设计。

（2）硬件设计形成的文件

硬件设计阶段中要形成的文件有：

- 整机逻辑关系图（原理框图的细化）；
- 整机布局和布线图；
- 电路板逻辑原理图（逻辑图或原理图）；
- 电路板焊装图；
- 印制板结构图（该图用于结构安装，对于印制板本身，已附在印制板图或印制板的 CAD 数据盘中）；
- 元器件、材料及线材清单（或物料表）；
- 印制板图（或印制板的 CAD 数据盘）；
- 各单元（或板级电路）的技术要求。

6．硬件试验准备

（1）主要准备工作

硬件试验准备的主要工作有：

① 元器件、材料、线材等的采购与齐套。

② 印制板生产，生产完成后的正确性检查。

③ 电路板、整机模型用的元器件及有关器材的备料和焊装的正确性检查。

④ 试验设备准备。

⑤ 拟定试验计划。

（2）产出文件

① 焊装图。

② 试验计划，包括试验时间、规则、方法、步骤、需用设备、安全措施等。

③ 焊装正确性检查记录。

7．软件设计

（1）软件设计的主要内容

软件设计阶级的主要内容有：

① 细化流程图中各模块的功能。

② 确定算法及其表达式，给定取值上下限或精度。

③ 编写程序清单。
④ 程序自身调整。
(2) 产出文件
① 软件设计说明书。
② 程序流程图(包括总体设计流程图的细化与修改,有的还需要包括功能层次图)。
③ 程序清单。

8. 硬件试验

在硬件试验阶级,对于能独立试验的硬件部分,要先做试验。
(1) 工作内容
① 建立正确的试验现场,包括仪器、被试设备(或电路)、电源的正确连接,并至少有两人以上进行检查。
② 按前面已经拟定的实验规则和步骤,从部分到全局逐步通电,发现问题和故障,及时分析,确定原因和故障部位,采取措施,予以解决,直到正常为止。
③ 对于电源短路或元器件击穿等故障,应立即停电,找出原因并排除后,才能再通电调试。
(2) 产出文件
试验时的相关记录。

9. 软件、硬件联调

(1) 联调方法
软件、硬件联调方法介绍如下。
① 接入仿真器:除硬件单独调试所用的设备外,再接入相应机型的仿真器(如单片机 MCS-51 仿真器),或自制的开发系统、测试台等,以备软件单步或分段运行。
② 通电后,首先应检查 CPU 是否工作。
③ 运行相关程序,观察与测试由程序所控制的硬件是否执行相应的操作或产生相应的输出。
④ 分析问题或现象,并确定原因和故障,修改软件或硬件,直到正常为止。
⑤ 连续运行,检验软件或硬件工作的稳定性。
⑥ 认真做好记录:正常、异常、分析、解决措施、软硬件的修改等,要详细、真实地记录下来。
(2) 产出文件
① 调试记录。
② 调试总结报告,即对调试记录进行分析和归纳,内容包括两点:综述调试中的问题及其解决方案;对设计进行评估。

10. 结构设计

(1) 结构设计的主要工作
① 根据总体设计提出的要求,进行结构总体设计、整体造型、部件划分和组合。
② 确定结构加工、生产需要的特殊工具、夹具、模具、材料。
③ 根据开发周期和总体设计提出的要求,拟定结构进度计划,提出特殊工具、夹具、模具、材料的需求。
④ 与硬件配合、协商,使结构设计便于整机或部件拆卸、装配、维修、测试、观察。

(2) 形成文件
① 整机、部件和零件图、装配图以及面膜、印字等。
② 材料清单(物料表)。
③ 特殊工艺说明书。
④ 外协申请及加工要求。

11. 模型(样机)组装与调试
(1) 主要工作
① 组装：结构和硬件生产完成后,即可进行组装。
② 调试：如果结构生产在硬件调试时已完成,则硬件调试及软、硬件联调可在模型整机上进行；如果结构生产在软、硬件调试完成后才完成,则组装后的调试,主要是检验机械结构和整机连线对电路的影响。对于较复杂的设备,这种影响是不可忽视的,有时甚至是很大的,相应的调试工作量也不小；对于较简单的设备,这种影响不大,相应的调试工作量也不大。组装后的调试完成后,必须对模型(或样机)进行稳定性检验,即"考机",根据产品需要,做 24～72 小时连续加电并测试,或者再做温度循环。

(2) 形成文件
① 整机调试记录。
② 调试总结报告,即对调试记录进行分析和归纳,并综述调试中的问题及其解决方法。
③ 对产品的整机性能进行初步评估。

(3) 开发小结(开发报告)
① 开发过程小结。
② 样机总的技术状态描述与性能评估,是否达到了技术指标要求。
③ 有无关键技术及解决措施。
④ 直接经费概算。
⑤ 市场前景与竞争力的预估。

12. 样机(或模型)评审
(1) 评审内容
① 功能及性能指标是否达到设计要求。
② 可靠性、稳定性与维修性是否良好。
③ 外观、结构是否良好,使用、安装是否方便。
④ 总的品质评估,可用性是否良好。
⑤ 主要技术文件是否齐全。

(2) 需要形成的文件
评审结论,包括以下内容：
① 对评审的上述五项内容作出判定。
② 提出修改意见。
③ 对是否转入小批量生产提出建议。

13. 样机修改
样机(或模型)的试验结果可能是良好的,也可能存有缺陷。就一般情况而言,都会存在不同程度的问题。评审结果中集中了众多同行、专家们的智慧和意见,有利于产品的改进,故样机的修改是常有的事,不必企求一次完全成功。但也不应当出现大范围的或全局性的修改。

(1) 样机修改的主要工作

① 写出修改说明。

② 相关文件与图纸的修改。

③ 软件、硬件、结构的修改、加工及装配、试验。

④ 修改后的整机,要进行调试和稳定性试验,直到完成修改预期的目标,并做好记录。

(2) 文件

① 调试记录。

② 修改后的调机总结报告,包括对整机性能的再评估。

(3) 再评审

完成了修改、调试后,一般来说,技术方面的问题已经解决,样机试制工作可告一段落。是否再评审,由技术主管部门确定。通常情况是:小修改,不必再评审,有关上级部门进行检查、确认、建议即可;大的修改,需再做评审。

14. 小批量生产(试产)

(1) 生产(试产)前的准备

① 制订小批量生产(试产)计划。

② 准备好技术文件,并发往相关部门。这些文件包括几方面内容:结构图;装配图;工艺文件(包括工艺要求);逻辑原理图;机布线图;材料图(包括导线表);器件及材料配套清单(物料表);使用说明书;流程图;调试好的程序文件(即软件,在磁盘中,可被复制);制板(PCB)生产文件(CAD 成的数据盘及生产要求);整机、电路板焊装图及说明书;检验与调试方法(包括检验与测试记录表);产品验收技术条件。

(2) 研发部门与生产部门的技术转接

进入小批量生产(试产)阶段,产品的研制工作基本上已经完成,应逐渐转向生产部门。有关技术,应当向相应的生产部门移交,开发部门主要负责做技术指导。

(3) 小批量生产及检验、入库

① 按计划安排元器件、材料的采购,零、部件的加工,整机的装配、检验与调试。

② 做好每台产品的编号、检验与测试记录。

③ 元器件和生产工艺、过程的不完善造成的产品缺陷,应进行排除,使其达到合格。一般来说,电子产品在出厂前,不存在废品问题,只存在检修和更换零部件问题。

④ 合格品入库。

(4) 产品的试销或试用

进行产品的试销或试用的目的包括两方面内容。

① 试探产品的市场需求状态。

② 获得用户的反馈信息,以便进行改进。

(5) 产品小批量试制的评审

① 小批量试制、试用阶段,产品的性能状态如何(与样机阶段比较)。

② 是否需要继续改进。

③ 主要技术文件是否齐全。

④ 能否转入批量生产。
⑤ 必须形成评审结论，作为批量生产的依据。

15．批量生产
① 批量生产由生产部门执行，解决不了的问题，由设计开发部门解决。
② 生产指导文件与小批量试产阶段相同，它们之间仅阶段标记不同。

16．关于几个文件的说明

(1) 操作使用说明书

操作使用说明书应包括如下内容：
① 主要功能与用途简介。
② 使用注意事项。
③ 组成部分（整机、附件）和安装方法。
④ 操作方法。
⑤ 可能故障及解决措施。

(2) 检验与调试方法

检验与调试包括以下内容：
① 部门、人员、时间、使用的仪器与设备检查。
② 外观检查。
③ 内部安装与连线、电源对地、元器件状态检查。
④ 加电步骤及注意事项（特别警告短路与击穿的处理）。
⑤ 仪器和产品的连接与使用方法。
⑥ 检测和调试的内容与步骤。
⑦ 检测和调试记录（制表）。
⑧ 测试记录（制表）。
⑨ 合格判定（判定人签名）。

(3) 产品验收技术条件

其内容包括以下几方面：
① 验收技术条件的适用范围。
② 验收项目，包括各项技术指标、产品的组成部分。
③ 验收的规则，如测试数据的采样方法与个数，测试仪器使用的规定等。
④ 验收的环境与条件规定。

1.2　智能遥控小车产品功能要求

1.2.1　产品规格书

本项目具备以下特色与规格：
- 2.4G 无线遥控；
- 可同时遥控 256 组机器人；
- 可设定红绿色队伍分区；
- 可设定频率不受干扰；

- 使用9V电源1个和5号电池8个(建议使用充电电池与碱性电池);
- 具有低电压检测功能;
- 具有低电压蜂鸣器警示音功能;
- 具有可控制前进/后退/左转/右转/加速功能;
- 设置1组RESET键,具有程序复位重置功能;
- 符合单片机丙级技能鉴定实操说明规定。

1.2.2 产品包装配件

请检查产品包装盒中的组件与配件是否完整,应有9项物件,如图1.2所示:

- 电路板-遥控板1组;
- 电路板-主控板1组;
- 电路板-电机控制板1组;
- 电机及机械结构1组;
- 5号电池盒1个;
- 9号电池扣1个;
- 铜柱4个;
- 螺帽4个;
- 束线带2根。

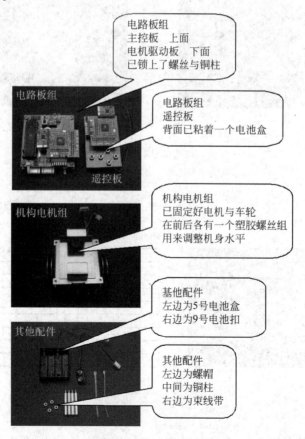

图1.2 产品包装配件图

1.2.3 产品功能要求与操作说明

1. 频道设定

每一台机器人成品,皆可设定 256 组频道。将主控板与遥控板指拨开关,拨至相同的位置,如图 1.3 所示。

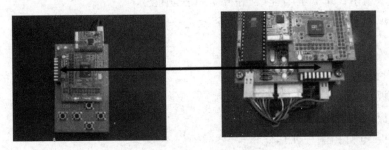

图 1.3 频道设定

2. 组别设定

每一台机器人成品,皆可设定两组队伍(红色、绿色),请在主控板上的指拨开关中为"1"的位置做设定,如图 1.4 所示。

指拨靠"ON"的位置为红色　　　　指拨靠"1"的位置为绿色

图 1.4 组别设定

3. 组别编号设定

每一组别设定,可设定 8 个编号,数字显示为 0~7 号。请在主控板上的指拨开关中拨至预设定的号码,如图 1.5 所示。

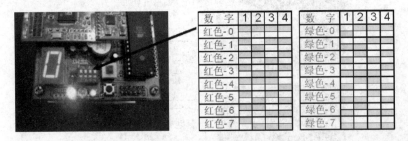

图 1.5 组别编号

4. 重置设定

当按下主控板的重置开关,左边的绿色发光二极管不亮,如图 1.6 所示。

5. 功能操作

① 设定好频道、组别、编号。

② 确定电池是否放置好,注意电池极性。

③ 请确认各连接线是否紧固。

④ 开启电池开关,然后进行如下操作。

- 遥控板开关,如图 1.7 所示。开启后,绿灯亮,若有红灯亮起时,请更换电池。

图 1.6 重置设定

图 1.7 遥控板开关

- 主控板开关,如图 1.8 所示。开启后,绿灯亮,若发出蜂鸣声,请更换电池。
- 电机驱动板开关,如图 1.9 所示。开启后,绿灯亮,若发出蜂鸣声,请更换电池。

图 1.8 主控板开关

图 1.9 电机驱动板开关

⑤ 控制信号灯状态指示。其具体操作如下所述。

- 遥控板的 RF 模块信号灯状态。当电源正常开启后,红灯与绿灯会亮。按下遥控板的前进/后退/左转/右转任一键时,黄灯会亮,如图 1.10 所示。

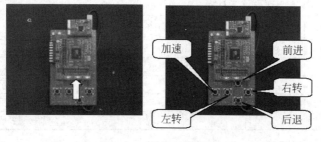

图 1.10 遥控板信号灯

- 主控板的 RF 模块信号灯状态。当电源正常开启后，RF 模组上的红灯和黄灯会亮，按下遥控板的前进/后退/左转/右转任一键时，RF 模组上的绿灯会亮并且在主控板上，会有黄色灯显示方向，如图 1.11 所示。

图 1.11　遥控板信号灯

- 电机驱动板的控制灯状态。当电源正常开启后，绿灯会亮。按下遥控板的前进/后退/左转/右转/加速任一键时，8 个红灯会亮，如图 1.12 所示。

图 1.12　电机驱动板信号灯

⑥ 主控板的控制信号灯状态。使用者，可依据不同的操作，对应表 1.1，以确定主控板动作是否正常。

表 1.1　主控板信号灯表

LED 位置	主控板信号灯表					说　明
	D9	D10	D11	D12	D13	
前进					■	按下按键时，灯亮
后退				■		按下按键时，灯亮
左转			■			按下按键时，灯亮
右转		■				按下按键时，灯亮
加速	■					按下按键时，灯亮

⑦ 电机驱动板的控制信号灯状态。主控板信号灯表说明如表 1.2 所示。

表 1.2 主控板信号灯说明

电机驱动信号灯表									说　明
LED 位置	D2	D4	D6	D8	D3	D5	D7	D9	
前进									向 D9 方向闪亮
后退									向 D2 方向闪亮
左转									向 D9 方向闪亮
右转									向 D2 方向闪亮
加速									须跟以上按键配合灯会恒亮

6. 其他功能

其他功能可参看模块三电子产品控制程序的编写中具体的项目要求。

1.2.4　产品实物成果展示

1. 电路板样本

主控板与电机驱动板样本分别如图 1.13 和图 1.14 所示。

图 1.13　主控板样本　　　　　　　图 1.14　电机驱动板样本

遥控板样本如图 1.15 所示。RF 模组样本如图 1.16 所示。

2. 机械结构样本

机械结构样本如图 1.17 所示。

3. 完整作品样本

完整作品样本如图 1.18 所示。

图 1.15 遥控板样本

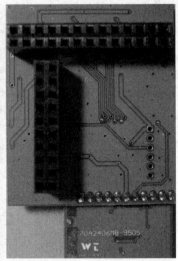
图 1.16 RF 模组样本

图 1.17 机械结构样本

图 1.18 完整作品样本

图 1.18 （续）

思考与练习

1. 方案报告的主要内容包括什么？这部分的产出文件是什么？
2. "智能遥控小车"在系统基本功能的基础上增加自动避障和防碰撞功能，应当如何修改已设计好的系统整体框图，并分析相应的功能单元，选择合适的元器件。

项目二　电子产品机械结构图的绘制

这部分将提高研发助理对机械制图、机械外观的分析、测量、简单设计并利用 AutoCAD 制图的能力。通过对完整产品各部分的机械结构分析、测量，精确绘制其三视图，为以后产品外观的辅助设计打下基础。

通过该项目的学习，将达到以下要求：
- 能根据电子产品的结构要求，分析与设计机械结构；
- 用 AutoCAD 软件绘制电子产品的机械结构图。

重点知识与关键能力要求

重点知识要求：
- 机械制图相关知识；
- AutoCAD 精确制图；
- 机械结构分析、测量。

关键能力要求：
- 掌握机械结构的分析与测量；
- 掌握机械结构三视图的绘制方法。

任务　智能小车机械结构图的绘制

[任务目标]
- 能熟练进行零、部件的设计；
- 能用 AutoCAD 等计算机软件进行机械结构图的设计。

[任务要求]
- 根据整机实物结构绘制机械结构组合图；
- 分解各机械部分，分析说明各部分机械结构的作用；
- 绘制机械结构图；
- 设计文件归档。

[任务环境]
- 每人一台计算机，预装 AutoCAD 2012 软件；
- 以 3 人为一组组成工作团队，根据工作任务进行合理分工。

[任务实施]
本任务要求完成四个方面任务：
- 电池盒座机械结构图绘制；
- 电机固定座机械结构图绘制；
- 轮子机械结构图绘制；
- 组合后整车机械结构图绘制。

图 1.19 所示为"智能遥控小车"的机械组合部分，它由电机固定座（见图 1.20）、电池盒座（见图 1.21）、轮子（见图 1.22）三部分组合而成。仔细观察并且测量各个机械部分，利用 AutoCAD 软件完成以下四个任务。

图 1.19　智能遥控小车的机械组合

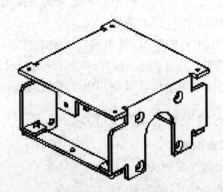
图 1.20　电机固定座

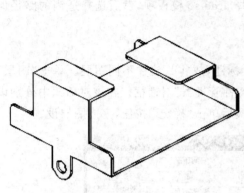
图1.21 电池盒座

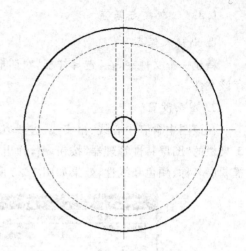
图1.22 轮子

1．电池盒座机械结构图绘制

① 分析电池盒座机械部件的作用。

② 根据电池盒座外观和具体尺寸，绘制出其机械结构三视图（包括主视图、俯视图、左视图三个基本视图）。

2．电机固定座机械结构图绘制

① 分析电机固定座机械部件的作用。

② 根据电机固定座外观和具体尺寸，绘制出其机械结构三视图。

3．轮子机械结构图绘制

① 分析轮子机械部件的作用。

② 根据轮子外观和具体尺寸，绘制出其机械结构三视图。

4．组合后整车机械结构图绘制

装配组合三部分机械部件，根据其外观和具体尺寸，绘制出机械组合图的三视图。

[任务总结]

1．知识要求

通过任务的实施，使学生掌握电子产品各部分机械结构的绘制方法与技巧。

2．技能要求

能根据产品机械构件分析并绘制三视图。

3．其他

总结学生在使用AutoCAD2012绘制机械结构三视图中存在的问题并给予指导。

[相关知识]

1.3 机械结构三视图设计实例介绍

本项目实施的流程为：精确测量各部分尺寸→新建保存→图层设置→轮廓线绘制→修剪圆角→尺寸标注。下面以电池盒座的机械结构三视图为例，以AutoCAD 2012作为机械制图软件平台，来介绍其任务流程。

1.3.1 新建与保存

1. 新建及保存

新建一个文件夹,在"选择样板"对话框中选择 acadiso 模板项,然后选择适当的路径保存该文件。

2. 图层设置

在该图中含有中心线、粗实线、虚线以及尺寸标注,故将其放在不同图层。单击"图层"工具栏的"图层特性管理器"按钮,弹出"图层特性管理器"对话框。在该对话框中分别设置图层名称、颜色和线性,效果如图 1.23 所示。最后单击"确定"按钮,完成图层设置。

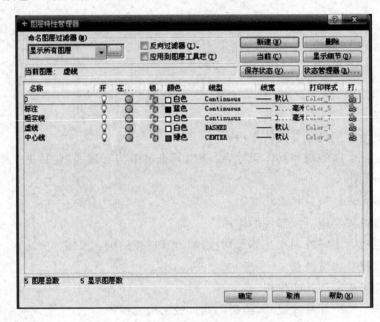

图 1.23 图层设置

1.3.2 绘制左视图

1. 绘制轮廓线

电池座主视图较为简单,大多由直线构成。下面先绘制直线,单击"图层"工具栏中的下拉列表框,选择粗实线层。

单击"绘图"工具栏的"直线"按钮,方向由光标控制。

命令执行过程参考如下(以下是画 100mm 的直线,其他类似):

命令:_LINE 指定第一点:
指定下一点[放弃(U)]:100
指定下一点[放弃(U)]:

轮廓线如图 1.24 所示。

2. 修剪圆角

单击"修改"工具栏的"圆角"按钮,命令执行过程如下:

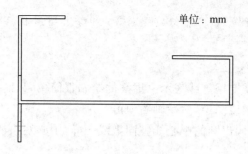

图 1.24 电池座左视图轮廓线

选择第一个对象或[多段线(P)/半径(R)/修剪(T)/多个(U)]:R
指定圆角半径<1.0000>:1
选择第一个对象或[多段线(P)/半径(R)/修剪(T)/多个(U)]:
选择第二个对象:

修剪后的效果如图 1.25 所示。

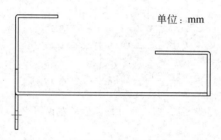

图 1.25 修剪以后的左视图轮廓线

3. 尺寸标注

对整个图形进行标注。单击"图层"工具栏中下拉列表框,选择标注层,然后标注。标注各部分的重要尺寸,如图 1.26 所示。

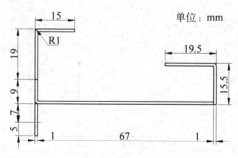

图 1.26 尺寸标注后的左视图轮廓线

1.3.3 绘制主视图

绘制直线轮廓前已介绍,这里不再赘述。左视图中有画圆的部分,因此下面先介绍画圆再介绍绘制中心线等。画圆方法很多,在此仅介绍一种。

1. 绘制圆

单击"绘图"工具栏中的"圆"按钮。然后命令执行如下(以半径为 50mm 的圆为例,其他类似):

命令：_circle 指定圆的圆心或[三点(3P)/两点(2P)/相切、相切、半径(T)]：
指定圆的半径或[直径(D)]:50

2. 绘制中心线和虚线

三视图中有些线段需要用虚线表示。虚线的绘制很简单，只需单击"图层"按钮，在下拉列表中选择已设置好的虚线图层，然后画图即可。

在画圆时，往往需要画出圆的中心线。同虚线一样，中心线只需要在中心线图层下绘制即可。

3. 尺寸标注

对整个图形进行标注。单击"图层"工具栏中下拉列表框，再选择标注层，然后进行标注。标注各部分的重要尺寸，如图1.27所示。

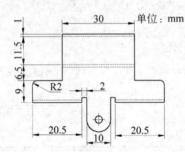

图1.27 尺寸标注后的左视图

1.3.4 绘制俯视图

俯视图也是由直线虚线构成的，绘制方法如上所述。尺寸标注后的俯视图如图1.28所示。

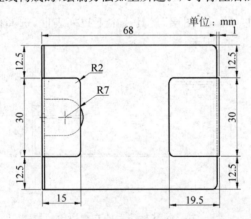

图1.28 尺寸标注后的俯视图

思考与练习

1. 简述设计电机固定座机械结构的作用，为什么需要这样设计？
2. 简述电池盒座机械结构设计的作用，为什么需要这样设计？
3. 小车合体后，机械结构如何承载电机驱动板、主控板和遥控板，请根据实际加以分析说明？

4. "智能遥控小车"在系统基本功能的基础上增加自动避障和防碰撞功能,应当考虑安装在车体的何处,如何设计其机械部分,请合理绘制机械结构图。

项目三 电子产品电路原理图的绘制

该项目基于 Protel 的学习基础上,在此基础上提高原理图分析与绘制能力。根据电子产品的硬件功能,对电子产品的各部分硬件电路进行分析、创建元件符号、设计网络连接、绘制完整的硬件电路原理图,通过电路的电气规则检测,并生成网络表,为接下来硬件电路印制电路板的设计打下基础。

通过该项目,将达到以下要求:
- 能根据电子产品硬件功能分析电路原理并进行模块化设计;
- 能根据元器件特性创建元件符号并完成原理图的绘制;
- 能完成电气规则检测并创建网络表。

重点知识与关键能力要求

重点知识要求:
- 硬件原理图分析能力;
- 元件符号创建和电路原理图绘制能力;
- 电气规则检测和网络表生成的相关知识。

关键能力要求:
- 掌握元件符号的创建方法;
- 掌握模块化电路图设计与绘制方法。

任务 智能小车电路原理图绘制

[任务目标]
➢ 能熟练地进行电路原理图分析;
➢ 能用 Protel 等计算机软件进行电路原理图的绘制。

[任务要求]
➢ 根据各部分硬件功能分析电路原理;
➢ 根据元器件特性创建元件库中没有的元器件符号;
➢ 根据电路原理进行模块化设计并绘制原理图;
➢ 通过电气规则检测并创建网络表;
➢ 设计文件归档。

[任务环境]
➢ 每人一台计算机,预装 Protel 软件;
➢ 以 3 人为一组组成工作团队,根据工作任务进行合理分工。

[任务实施]
本任务中要求完成三个方面任务:

- 主控板电路原理图的绘制；
- 电机驱动板电路原理图绘制；
- 遥控板电路原理图绘制。

智能遥控小车的硬件部分，主要由主控板（见图1.13）、电机驱动板（见图1.14）、遥控板（见图1.15）和 RF 模组（见图1.16）四部分组合而成。根据智能遥控小车产品功能要求，分析智能遥控小车电路工作原理，利用 Protel 软件完成以下三个子任务。

1. 电机驱动板电路原理图的绘制
① 分析电机驱动板电路原理并掌握每个元器件在电路中的作用。
② 根据元件特性创建元件库中没有的元器件符号。
③ 根据电机驱动板电路原理，模块化绘制电机驱动板电路原理图。
④ 通过电气规则检测并生成元器件清单和网络表。

2. 主控板电路原理图的绘制
① 分析主控板电路原理并掌握每个元器件在电路中的作用。
② 根据元件特性创建元件库中没有的元器件符号。
③ 根据主控板电路原理，模块化绘制主控板电路原理图。
④ 通过电气规则检测并生成元器件清单和网络表。

3. 遥控板电路原理图的绘制
① 分析遥控板电路原理并掌握每个元器件在电路中的作用。
② 根据元件特性创建元件库中没有的元器件符号。
③ 根据遥控板电路原理，模块化绘制遥控板电路原理图。
④ 通过电气规则检测并生成元器件清单和网络表。

[任务总结]

1. 知识要求
通过任务的实施，使学生掌握分析和绘制电路原理图的方法与技巧。
2. 技能要求
能根据各个单元电路的元器件及其电气连接关系，使用 Protel 软件完成电路原理的绘制。
3. 其他
总结学生在使用 Protel 软件绘制原理图中存在的问题并给予指导。

[相关知识]

1.4 原理图绘制介绍

本任务实施的流程为：功能分析→原理图分析→元件符号创建→原理图绘制→电气规则检测→元器件清单创建→网络表生成。下面以电机驱动板为例，以 Protel99SE 为原理图制图软件平台，来介绍其任务流程。同时，举一反三，完成主控板和遥控板电路原理图的绘制。

1.4.1 电机驱动板电路原理图的绘制

1. 功能分析

电机驱动板的主要作用是为小车的两个步进电机输送 9V 的电源、传递单片机控制信号、放大驱动电流。

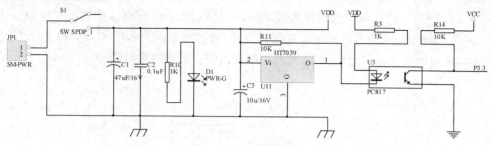

图1.29 电机驱动板电源电路

2. 原理图分析

电机驱动板电源电路如图1.29所示,该电路是电机驱动板的电源部分,外接电源(1节碱性电池)通过JP1接口将9V直流电压输入,经过单刀双掷开关S1控制其通断,通过电容C1、C2和C3滤波后,输出直流电,并由发光二极管D1进行指示。为了监控外接碱性电池是否供电充足,加入了低电压检测器HT7039和光耦PC817。当电源电压小于3.9V时,U3 PC817的输入端发光器将发光,从而使得输出端的受光器导通,输出低电平,作为单片机P3.3外部中断信号。

智能遥控小车使用2相4线步进电机。电机驱动板光耦电路如图1.30所示,由单片机的P1口高4位和低4位分别控制两路电机。单片机P1口输出电机控制信号,通过光耦PC817将8路信号隔离变换后,通过74LS240反向缓冲后输出。

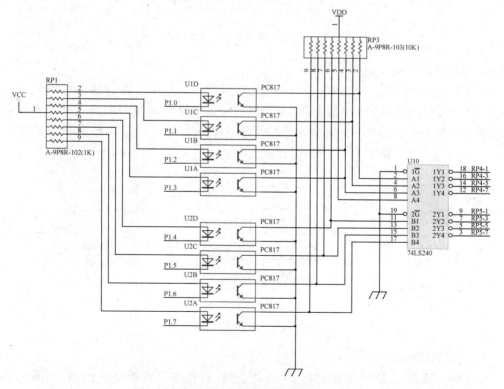

图1.30 电机驱动板光耦电路

电机驱动板功率放大电路如图 1.31 所示，JP4 接口是电机驱动板和主控板的连接接口，可将 VCC 和 P1 口信号传递给电机驱动板，同时将 P3.3 的低电压检测信号反馈给主控板的单片机。74LS240 输出的 8 路步进电机信号，通过功率放大芯片 SLA4061 放大信号的驱动能力，来驱动两个步进电机，8 路发光二极管跟踪指示步进电机信号。

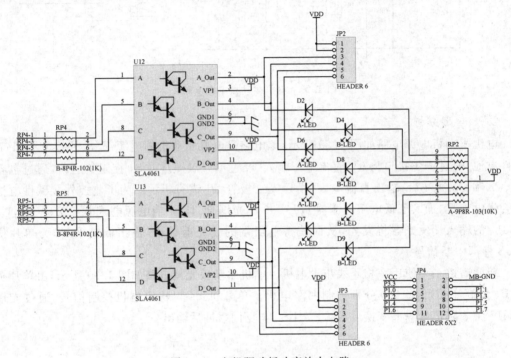

图 1.31　电机驱动板功率放大电路

3. 元件符号创建

使用 Protel99SE 软件绘制电机驱动板原理图，大部分元器件可从 Miscellaneous Devices.lib 元件库中选取。10K 排阻 A-9P8R-103、1K 排阻 B-8P4R-102 和低电压检测器 HT7039，根据元器件的特性，如图 1.32 所示创建其元件符号。达林顿功率放大芯片 SLA4061 的元件符号如图 1.33 所示进行创建。

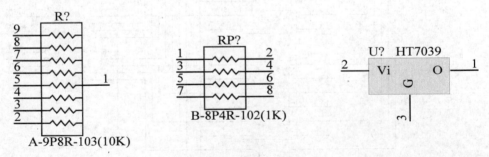

图 1.32　自建元件(1)

4. 原理图绘制

根据电路原理，灵活使用网络标签，简化连线，将电路进行模块化绘制，如图 1.29～图 1.31 所示。

5. 电气规则检测

执行"Tools"→"ERC"菜单命令,打开"Setup Electrical Rule check"对话框,即ERC电气规则,进行电气规则检测,如图1.34所示,修改电气规则错误,为印制电路板制作做准备。

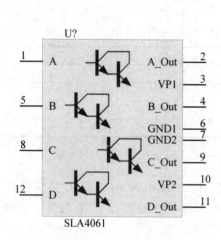

图1.33 自建元件(2)

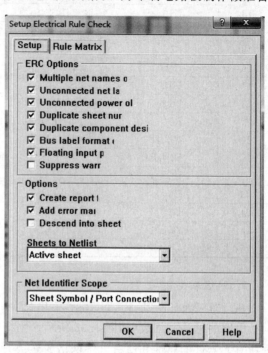

图1.34 ERC电气规则

6. 元器件清单创建

执行"Reports"→"Bill of Material"菜单命令,生成电机驱动板电路的元器件清单,如表1.3所示。值得注意的是,一般在元器件放置过程中,元器件属性中要添加元件封装,以方便印制电路板的制作。表中的元件封装仅供读者参考,可以根据选购的元器件封装进行调整。

表1.3 电机驱动板元器件清单

序号	元件编号	元件类型	元件封装
1	U11	HT 7039(PW R DETCR)	SOT-89
2	C1	47μF/16V	RB.1/.2
3	C3	10μF/16V	RB.1/.2
4	C2	0.1μF	CAP
5	R11	10K	AXIAL0.3
6	R10	1K	0805
7	D1	PW R-G	0805+
8	JP1	SM-PW R	SIP2
9	S1	SW SPDT	SPDP
10	R3	1K	0805+
11	R14	10K	AXIAL0.3

续表

序号	元件编号	元件类型	元件封装
12	U3	PCB817	DIP-4
13	U10	74LS240	DIP-20
14	RP1	A-0 P8 R-102(1K)	SIP9
15	RP3	A-0 P8 R-103(10K)	SIP9
16	JP4	HEADER 6X2	IDC-12
17	U12	SLA4061	SLA12
18	U13	SLA4061	SLA12
19	RP2	A-9P8R-102(1K)	SIP9
20	JP2 JP3	HEADER 6	SIP6
21	RP4 RP5	B-8P4R-102(1K)	SIP8
22	D2 D3	A-LED	0805+
23	D4 D5	B-LED	0805+
24	D6 D7	/A-LED	0805+
25	D8 D9	/B-LED	0805+
26	U1 U2	PC817	DIP-16

7. 网络表生成

执行"Design"→"Creat Netlist"菜单命令，打开"Netlist Creation"对话框，生成电机驱动板电路的电路网络表，如图1.35所示。网络表是制作PCB板的必要环节，它包含了电路中所有元器件的属性和所有电气网络的连接关系。

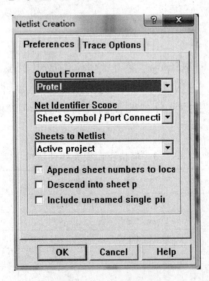

图1.35 创建网络表

下面总结驱动板原理图的绘制步骤。新建电路图文件，文件名为驱动板.sch。

① 图纸方向为纵向，图纸尺寸为B。

② 设置图纸标题为"驱动板"，该字符串用2号黑体，颜色为226；设置"绘图者"为设计者学号。

③ 绘制电路(见图1.31),元件封装可参见表1.3。

④ 绘制电路图。

- 加载包含自定义元件的电气图形符号库;
- 根据图纸放置元件、导线和总线、网络标志、电源、电源接口等符号。

⑤ 生成辅助文件。

- 生成项目电气图形符号库;
- 生成此电路图的 PCB 网络文件;
- 执行电气规则检查,保存报告;
- 生成电路图元件清单,保存清单。

1.4.2 主控板电路原理图的绘制

主控板电路原理图如图 1.36 所示,元器件清单如 1.4 表所示。利用 Protel99SE 软件,根据"1.3.1 电机驱动板电路原理图的绘制"实施步骤,完成主控板电路原理图的绘制。

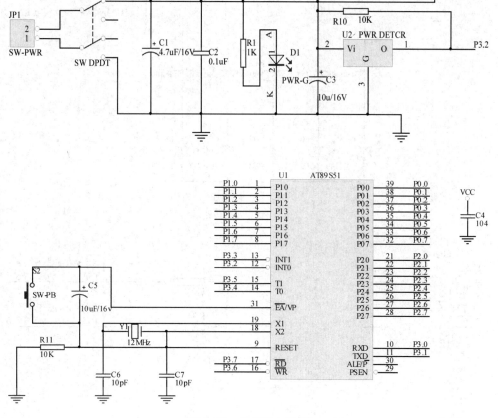

图 1.36 主控板电路图

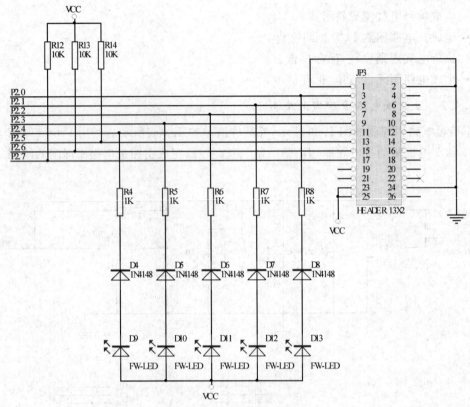

(c) 按键指示灯电路

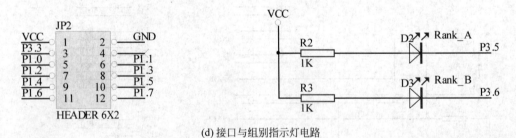

(d) 接口与组别指示灯电路

图 1.36 （续）

模块一　电子产品设计方案分析

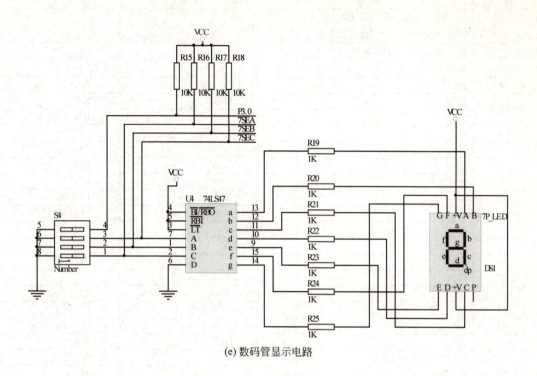

(e) 数码管显示电路

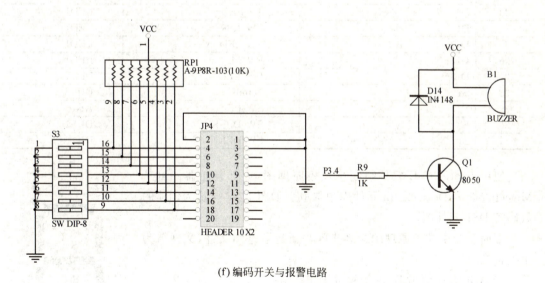

(f) 编码开关与报警电路

图 1.36 （续）

表 1.4　主控板元器件清单

序号	元件编号	元件类型	元件封装
1	R1 R2 R3 R4 R5 R6 R7 R8 R9 R19 R20 R21 R22 R23 R24 R25	1K	0805
2	R10 R11 R12 R13 R14 R15 R16 R17 R18	10K	0805
3	DS1	7P_LED	NLED
4	JP1	8HEADER	SIP2
5	C1	47μF/16V	RB.1/.2
6	C2	0.1μF	0805+
7	C4	104	0805+
8	C3、C5	10μF/16V	RB.1/.2
9	C6、C7	10pF	CAP
10	U1	AT89C51	DIP-40
11	U2	HT 7039	SOT-89
12	U4	74LS47	DIP-16
13	Y1	12MHZ	XTAL1
14	Q1	8050	SOT-23
15	RP1	A-9 P8 R-103(10K)	SIP9
16	B1	BUZZER	BUZZER
17	JP2	HEADER 6X2	IDC-12
18	JP4	HEADER 10X2	IDC-20
19	JP3	HEADER 13X2	IDC-26
20	D4 D5 D6 D7 D8 D14	IN4148	DIODE0.3
21	D2 D3	LED	LED
22	D11	LF-LED	LED1
23	D9	TB-LED	LED1
24	D1	PW R-G	LED1
25	D10	RG-LED	LED1
26	D12	RV-LED	LED1
27	D13	FW-LED	LED1
28	S4	Number	DIP-8
29	S2	SW-PB	AN
30	S3	SW DIP-8	DIP-16
31	S1	SW DPDT	DIP-6

使用 Protel99SE 软件绘制主控板原理图，大部分元器件可从 Miscellaneous Devices.lib 元件库中选取。如图 1.37 所示为创建的数码管 DS1 元件图。

下面总结主控板原理图绘制步骤。新建电路图文件，文件名为主控板.sch。

① 图纸方向为纵向，图纸尺寸为 B。

② 设置图纸标题为"主控板"，该字符串用 2 号黑体，颜色为 226；设置"绘图者"为设计者学号。

③ 绘制电路图（见图 1.36）。元件封装可见表 1.4。

④ 绘制电路图。

• 加载包含自定义元件的电气图形符号库；

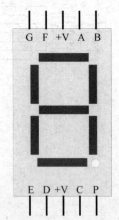

图 1.37　数码管 DS1 元件图

- 根据图纸放置元件、导线和总线、网络标志、电源、电源接口等符号。
⑤ 生成辅助文件
- 生成项目电气图形符号库；
- 生成此电路图的 PCB 网络文件；
- 执行电气规则检查，保存报告；
- 生成电路图元件清单，保存清单。

1.4.3 遥控板电路原理图绘制导引

主控板的电路原理图如图 1.38 所示，元器件清单如表 1.5 所示。利用 Protel99SE 软件，根据 1.3.1 中的实施步骤，完成遥控板电路原理图的绘制。

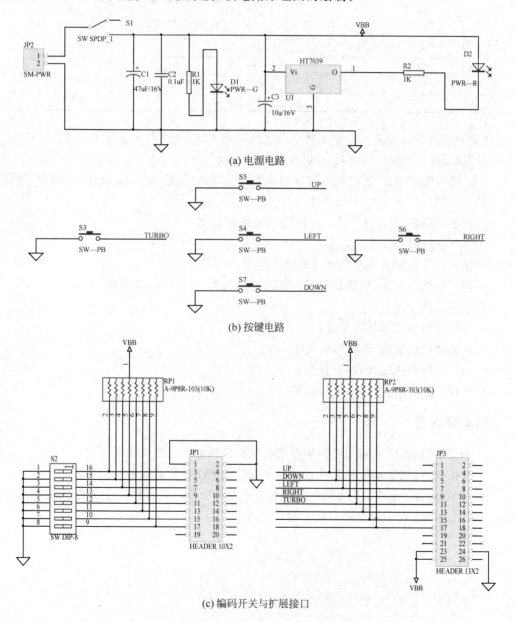

图 1.38 遥控板电路图

表 1.5　遥控板元器件清单

序号	元件编号	元件类型	元件封装
1	C2	0.1μF	CAP
2	R1 R2	1K	AXIAL0.3
3	C3	10μF/16V	RB.1/.2
4	C1	47μF/16V	RB.1/.2
5	RP1 RP2	A-9P8R-103(10K)	SIP9
6	JP1	HEADER 10X2	IDC-20
7	JP3	HEADER 13X2	IDC-26
8	U1	HT 7039(PW R DETCR)	SOT-89
9	D1	PW R-G	LED1
10	D2	PW R-R	LED1
11	S3 S4 S5 S6 S7	SW-PB	AN
12	S2	SW DIP-8	DIP-16
13	S1	SW SPDT	SPDP
14	JP2	TX-PW R	SIP2

下面总结遥控板原理图绘制步骤。新建电路图文件,文件名为遥控板.sch。

① 图纸方向为纵向,图纸尺寸为 A。

② 设置图纸标题为"遥控板",该字符串用 2 号黑体,颜色为 226;设置"绘图者"为设计者学号。

③ 绘制电路图(见图 1.37)。元件封装可见表 1.5。

④ 绘制电路图。

- 加载包含自定义元件的电气图形符号库;
- 根据图纸放元件、导线和总线、网络标志、电源、电源接口等符号。

⑤ 生成辅助文件。

- 生成项目电气图形符号库;
- 生成此电路图的 PCB 网络文件;
- 执行电气规则检查,保存报告;
- 生成电路图元件清单,保存清单。

思考与练习

1. 主控板、电机驱动板和遥控板分别由什么来供电?电源大小是多少?
2. 主控板、电机驱动板和遥控板之间信号传递的纽带是什么?
3. "智能遥控小车"在系统基本功能的基础上增加自动避障和防碰撞功能,应当如何添加电路?请绘制出电路原理图并试着制作实现。

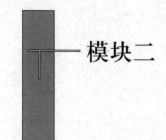

模块二

电子产品硬件的设计与制作

作为辅助设计人员,必须具备实物的剖析能力、样机(板)的制作与调试能力。本模块以智能小车控制器等产品的实际印制板为载体,通过剖析实物,训练读者的实物解剖能力、制作和调试能力、故障分析与排除能力,达到能够胜任制作、调试员岗位工作任务的目的,并为改进产品、设计产品打下基础。

实物剖析是基于反向研究的一种学习方法,对培养设计领域人员的培养具有积极的意义。

项目一 电子产品硬件电路 PCB 的设计及制作

能用 Protel 软件熟练绘制 PCB 电路图,了解元器件的性能及布局的具体要求,以及 PCB 布线时应掌握的手工布线的技能。正确选用器件并进行检测,掌握主控板、遥控板、马达驱动板硬件电路的安装。掌握电子产品硬件设计与制作过程,具备从事电子产品的硬件辅助设计与开发的能力。

通过这个项目,将达到以下要求:
- 能运用 Protel 软件绘制所需元器件的封装;
- 主控板硬件电路、遥控板硬件电路、电机驱动板硬件电路的 PCB 的设计;
- 能掌握常用电子产品元器件的检测方法;
- 了解电子产品装配中的常用工具、专用设备和基本材料;
- 掌握安装前的准备工艺;
- 熟悉并执行质量管理和质量保证体系;
- 熟悉并遵守与职业相关的安全法规、道德规范和法律知识。

重点知识与关键能力要求

重点知识要求：
元件封装的绘制；
主控板的 PCB 绘制。

关键能力要求：
掌握 PCB 的封装设计及绘制；
掌握 PCB 的布局要求；
掌握 PCB 的布线。

 ## 任务　智能小车主控实物板的剖析与制作

[任务目标]
➢ 能运用 Protel99SE 绘图软件将简单实物板（单面板）转化为原理图、印制板图；能使用常用仪器和工具制作样品并进行调试；能设计调试方案，正确填写测试数据。
➢ 能基本表述简单电子产品从实物到原理图和印制板图转换的方法；能较熟练说出电子产品样机制作的流程和工艺要求；能较熟练表述电子产品的调试、测试方法和要点。
➢ 培养安全、正确操作仪器的习惯；培养严谨的做事风格；培养协作意识。

[任务要求]
➢ 绘制智能小车主控板电路 PCB 图；
➢ 绘制智能小车主控板的封装；
➢ 掌握实物板的具体解剖过程；
➢ 进行 PCB 的制作、设计。

[任务环境]
➢ 每人一台计算机，预装 Protel99SE、Office；
➢ 以 3 人为一组组成工作团队，根据工作任务进行合理分工。

[任务实施]
1. 解剖实物板
① 根据主控板的原理图，按照实物进行布局，注意元件标号及大小的设置。
② 根据实物板进行抄板。
③ 实物板到印制板图转换。
2. 由实物设计 PCB
① 根据解剖的实物板进行 PCB 的布线。
② 技术报表生成，样机制作与调试。

[任务总结]
1. 知识要求
通过任务的实施，使学生掌握智能小车主控板的解剖过程，熟悉主控板的 PCB 的制作。
2. 技能要求
能根据主控实物板进行元件封装的设计，并进行手工布线。

3. 其他

总结学生在设计主控板 PCB 时,对元件封装的绘制及布局、布线的要求。

[相关知识]

2.1 主控电路电路板的剖析方法

图 2.1 是要解剖的主控电路板实物照片,其中图 2.2 所示的是 PCB 板正面,图 2.3 所示的是 PCB 板的反面。本任务中完成以下四个方面工作:

① 根据主控电路实物板绘制出印制板图文件(有时在不影响设计要求时可以做些调整)。

② 根据主控电路实物板绘制出电路原理图文件。

③ 根据以上原理图和印制板图文件产生相应的报表文件。

④ 重新制作样板,并进行调试、研究、分析、解决制作中的技术问题。

图 2.1 智能小车主控电路板

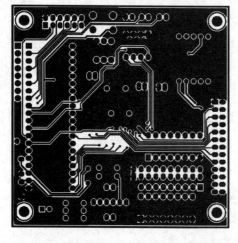

图 2.2 PCB 板正面

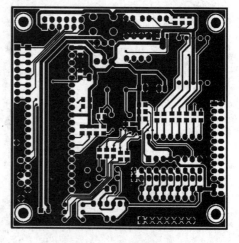

图 2.3 PCB 板反面

本任务实施的流程为：实物板到印制板图转换→实物板到原理图转换→技术报表生成→样机制作与调试。

2.1.1 实物板到印制板图转换

从实物板得到印制板图文件，业界又称为抄板，一般有两种方法。一种是手工测量后绘制，就是精确测量元器件在实际印制板中的位置，然后"依样画葫芦"将元器件封装在设计图纸相应位置上，最后依照实物板进行连线和其他标注等。这种方法在早期使用广泛，目前也继续在使用。采用该方法是否成功建立在细心上，操作的关键是元器件位置的测量以及绘图时如何将元器件封装重新精确定位，对于双面板或者密度高的印制板更是如此。

另外一种方法相对比较先进，先用扫描仪将实物板扫描后产生图像文件（黑白 BMP 文件），然后通过特殊软件转换成印制板图文件（即 BMP 文件转 PCB 文件），将 PCB 文件导入到设计文件中，最后按照导入的扫描图像放置元器件封装和铜箔线，连线过程好比"描红"。这种方法在转换软件出来后被广泛使用，效率相对较高。其实施是否成功，取决于图像是否清晰和扫描文件与实物比例是否一致。对于双面板，上、下层的比例非常重要，否则无法重合，甚至造成错位。当然后期的"描红"也特别需要耐心。

下面介绍第一种方法的实施，这里我们称为"手工测绘法"。下面以"智能小车"的主控板为例详细讲解实物剖析、样机制作与调试的步骤与操作方法，有关文件建立等内容在此省略。

1. 手工测绘法抄板

（1）测量、规划印制板

测量实物板的尺寸，并在计算机中画出同样大小的设计图边框，如图 2.4 所示。

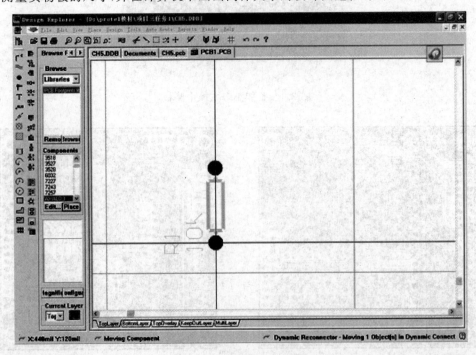

图 2.4 器件基准点设置

(2) 测量元器件的坐标

以实物板左下角为坐标原点，测量某个元器件在板子中的位置，然后在设计图中同样位置放置同样的封装。

完成这一步的关键是：作为一个元器件，其具有一定的几何尺寸，那么确定其坐标位置时，以哪个部位作为坐标数据的基准点呢？

这里可以做一下试验：在 PCB 设计界面中，任意放置一个元器件封装，然后用鼠标左键单击该元器件，这时发现鼠标会自动跳到固定的位置（一般是某个引脚），这个位置就是元器件的基准点，如图 2.4 所示。

提示：元器件基准点就是封装制作过程中位于坐标原点的焊盘，如集成电路封装的大多数就是 1 号焊盘。

双击图 2.4 中元器件，弹出"Component"即元器件属性对话框。在对话框中可以看到元器件的坐标位置，如图 2.5 所示，其坐标为（440mil，220mil）。双击刚才的元器件基准点（焊盘），可以得到基准点的坐标（440mil，120mil），如图 2.6 所示。

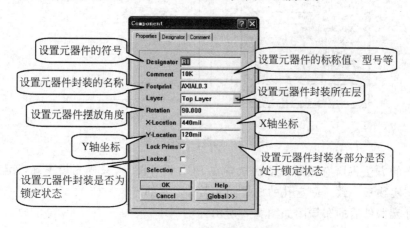

图 2.5 元器件属性设置

图 2.6 焊盘属性

由此可知：元器件的坐标其实就是其基准点的坐标，这是一个重要的信息，也是精确放置元器件的依据。

(3) 放置元器件封装

根据以上操作，可以对主控板上的IC1(HA17358)进行精确定位，从实物板上测量IC1(HA17358)的1号脚(集成电路的1号脚大都是基准点)的坐标为(7.9mm,19mm)，在PCB设计图中放置该元器件封装(DIP8)，然后双击该元器件，将刚才测量的元器件基准点的坐标数据(7.9mm,20mm)填入相关文本框中，如图2.7(a)所示。这样我们已经将IC1(HA17358)放置好了，如图2.7(b)所示。

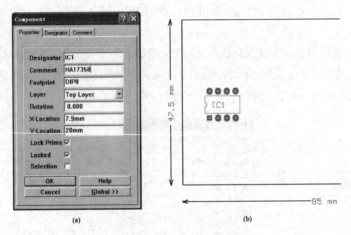

图 2.7　元器件封装放置

用同样的方法将所有元器件依次放置在PCB设计图上，只要测量正确，元器件的位置可以保证与实物板一致。固定孔的放置同元器件放置的方法一样。

放置好元器件后的布局图如图2.8所示。

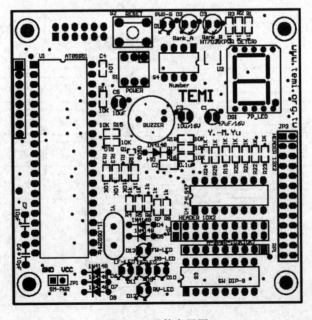

图 2.8　元件布局图

(4)连线

按照原来实物板的连线,将元器件之间连接好。注意线宽、距离原则上要与实物板一样。在不影响安全和性能的情况下,走线可以做必要的调整。

(5)检查

通过以上步骤已经将实物板"抄板"完成,将文字标注等标上,并检查是否有遗漏和错误。

最终得到与实物板一致的PCB图,如图2.9所示。

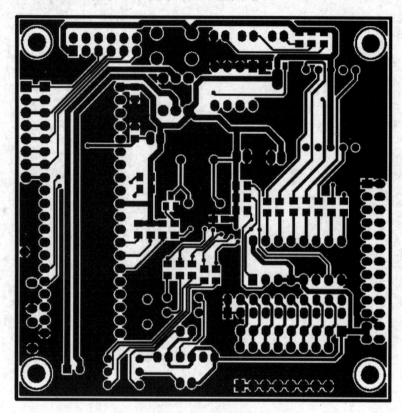

图2.9 抄板结果

下面以单面板为例介绍第二种"抄板"法,我们称为"扫描法"。

2. 扫描法抄板

(1)做好记录

首先在本子上记录好所有元器件的型号、参数以及位置以备后用,尤其是二极管、三极管及IC缺口的方向。最好用数码相机拍两张元器件位置的照片,对于密度高、元器件紧凑或元器件体积小的实物板,更应该做好记录。

(2)处理实物板

拆掉所有元器件,并且将焊盘孔里的锡用吸锡器等去掉。用酒精等洗板液将PCB清洗干净,如图2.10所示。

(3)扫描实物板

将实物板放入扫描仪,用黑白方式将铜箔层扫入。这一步非常关键,是扫描"抄板"是否成功的关键所在。扫描仪扫描的时候需要稍调低一些扫描的像素,以便使得到的文件较小,以利后期操作。

图 2.10 实物板

(4) 格式转换

用特殊软件将底层的 BMP 格式的文件 BOT.BMP 转为 Protel 格式文件"智能小车主控板"(对双面板,再把 TOOP 层的 BMP 转化为 TOP.PCB)。方法如下:

① 启动 BMP 转 PCB 软件,如图 2.11 所示(读者可以从网络上下载"BMP TO PCB"软件)。

② 单击其中 Input Bitmap 的 Choose 按钮,然后选择扫描后的 BOT.BMP 文件。

③ 单击 Output PCB 的 Choose 按钮,再选择转换后的 PCB 文件路径以及名称,如图 2.12 所示这里取名为"智能小车主控板.PCB"。

④ 设定 Board Layer 中板层,其中"1"代表顶层(红色),"2"代表中间层(黄色),"3"代表中间层(深绿色),"4"代表中间层(草绿色),"5"代表中间层(银白色),"6"代表底层(蓝色),这里为了以后操作方便将层选择"2"。

模块二 电子产品硬件的设计与制作 | 43

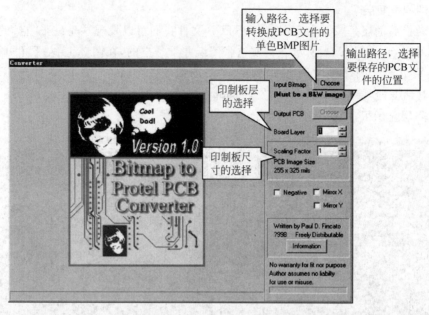

图2.11 BMP转PCB软件

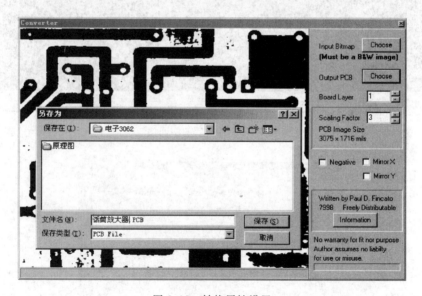

图2.12 转换属性设置

提示：大多数情况下，我们工作时的板层有顶层（TopLayer）、底层（BottomLayer）、丝印层（TopOverLayer）等，为了不影响这些层的操作，将扫描图放在这些层以外的层。

⑤ 设定 Scaling Factor 文本框中比例，这一步十分关键。一定要注意这里的尺寸与实物板设置一致，尺寸在 PCB Image Size 中有显示。

（5）文件导入

建立了设计（项目文件），然后可以将转换成的"智能小车主控板.PCB"文件导入进来，双击此文件即可进入PCB设计环境。

(6) 显示中间层

因为转换后的层是"2"(中间层),打开 PCB 文件我们可以发现这是一张"空"的图纸,上面什么都看不到,如图 2.13 所示。其实这张图纸并不是空的,在图 2.13 左下角可以发现层切换标签栏并没有中间层,所以看到的这张图纸是"空"的。按 L 键打开"Document Options"对话框即"层管理"对话框,在 ☐ MidLay 前面的框内打勾,如图 2.14 所示,就可将隐藏的中间层显示了,如图 2.15 所示。

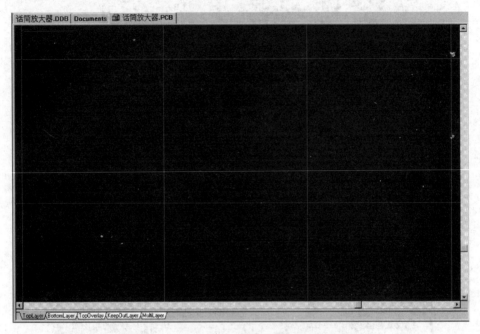

图 2.13 转换后的中间层

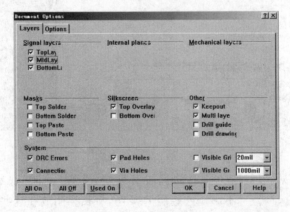

图 2.14 图纸属性

(7) 镜像处理

因为扫描的是印制板的反面,所以要对其进行镜像处理。按 S+A 组合键全选后,如图 2.16(a)所示,单击 X 键进行镜像处理,再按 X+A 组合键撤销选中,结果如图 2.16(b)所示。

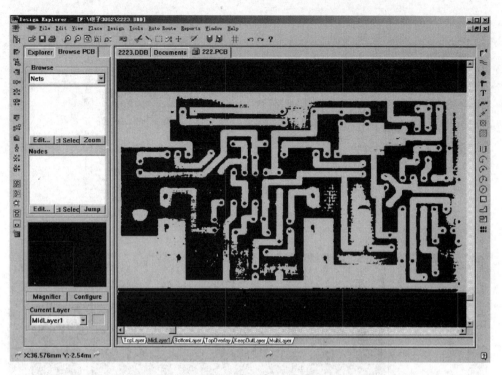

图 2.15　隐藏中间层后界面

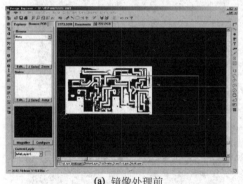
(a) 镜像处理前

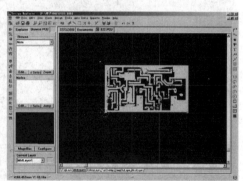
(b) 镜像处理后

图 2.16　镜像处理

(8) 更换中间层颜色

关于中间层颜色可以在图 2.15 的左下角进行修改,如图 2.17 所示,一般改为较明显的颜色(如改为浅绿色),双击颜色修改区域,出现如图 2.18 所示的"Chose Color"对话框即"颜色属性"对话框,选择合适的颜色后结果如图 2.19 所示。

提示:在默认设计情况下,顶层是红色的,丝印层是黄色的,底层是蓝色的,导入的扫描图最好能与上述三种颜色不同,否则会因颜色相同影响正常的操作。

(9) 放置封装

按照焊盘和实际元器件位置开始放置封装,放置封装后的效果图如图 2.20 所示。

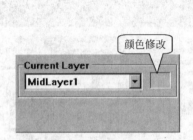

图 2.17　颜色修改　　　　　　图 2.18　颜色属性

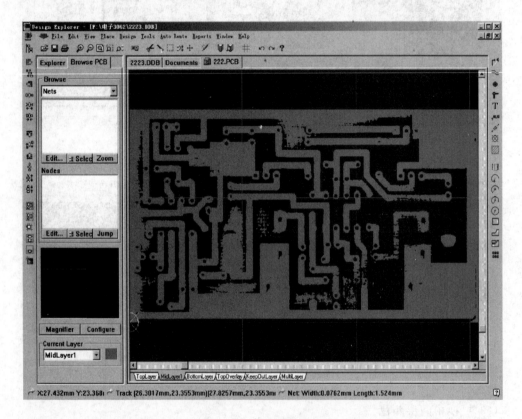

图 2.19　修改后效果图

（10）手工布线

将工作层切换到底层（Bottom Layer），按照扫描得到的铜箔线路进行"描线"，描线后的效果图如图 2.21 所示。

（11）隐藏中间层上的图形

直到所有的线路都补齐为止，将原来导入的中间层隐藏起来。其方法是在空白处按 L 键，弹出如图 2.22 所示对话框，把 **MidLay** 前面的勾去掉。

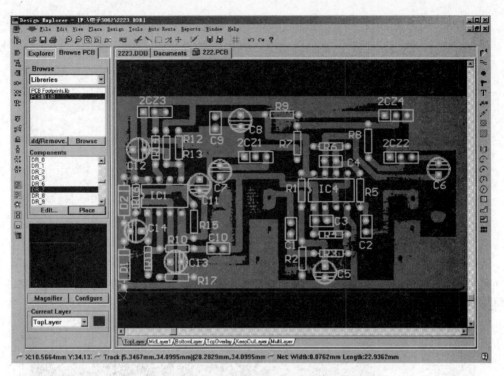

图 2.20 放置封装后效果图

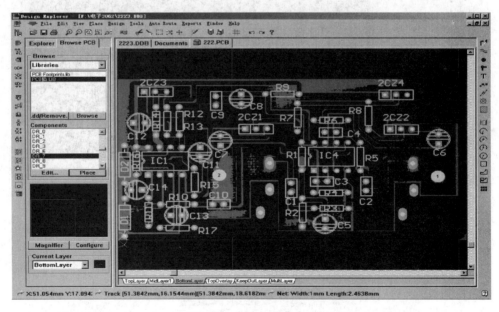

图 2.21 描线后的效果图

(12) 删除中间层的内容

把绘制的图全选后,转移到与扫描图不重叠的地方,如图 2.23 所示(注:图 2.23 中已经把隐藏的中间层(Mid Layer1)重新勾上了),最后删除 Mid Layer1 层所有线(即原来扫描得到的线)。

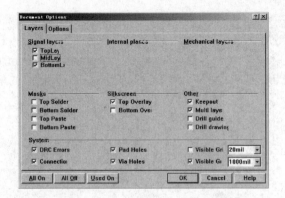

图 2.22 "Document Options"对话框

(13) 删除中间层

执行图 2.24 中 Design 菜单下面的"层管理"命令,出现如图 2.25(a)所示的"Layer Stack Manager"对话框即"层管理"对话框。单击图 2.25(a)中的 **MidLayer1**,然后按 **Delete** 键删除中间层,结果如图 2.25(b)所示。

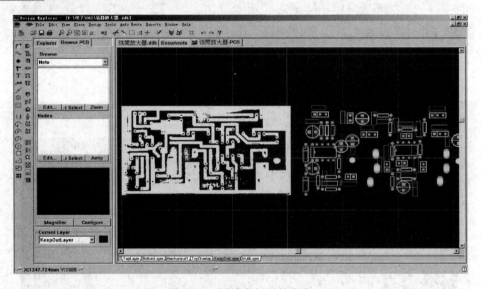

图 2.23 删除中间层的内容

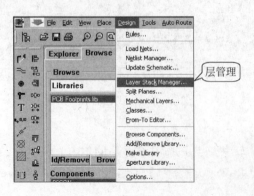

图 2.24 "层管理"命令

提示：中间层内容不删除，该层是不能被删除的。

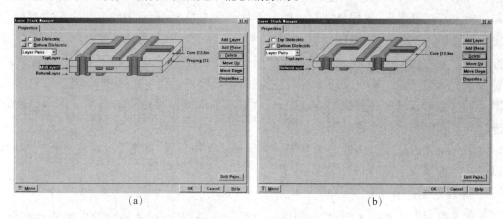

图 2.25 "层管理"对话框

最后得到扫描法抄板的效果图如图 2.26 所示。

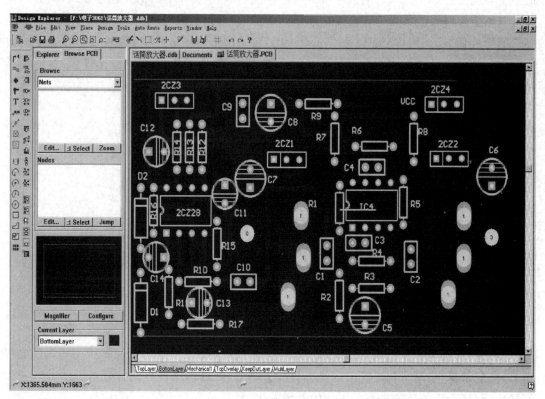

图 2.26 扫描法抄板的效果图

2.1.2 实物板到原理图转换

实物板到原理图的转换，没有像前面"实物板到印制板图转换"那样有固定的方法可循。在掌握基本方法后，有赖于对常用单元电路的掌握与积累程度，有赖于对实际产品的接触积累，理论功底在此显得十分重要。扎实的理论功底可以在绘图中把握总体方向，少走偏路，而经验可以确保细节的处理。比如同样是一个放大器,按照典型的结构画图,大多数学过电路知识的人都能看得懂,但如果把其中的元器件位置变换了,看上去的智能小车主控板会让人感觉很别扭,甚至会产生判断错误,更何况实际产品的电路本身比较复杂。当元器件位置和方向随意画时,那么一个本来比较直观的图纸也会难以看懂。让元器件归位,让电路原理图符合典型结构,这是"实物板到原理图转换"的难点所在。初次做这项工作时,往往会按照PCB上的位置一模一样地转画成原理图,这样画成的电路原理图可能会变成一本即使有丰富经验的工程师都读不懂的"天书"。

以下介绍完成这项工作的一般方法。拿到一块实物板后,首先要分析这块板的结构,并从以下几个方面入手。

1. 寻找电源输入接口

电源是原理图绘制的关键,也是图纸的"纲"。在实物板内,寻找电源供给线非常重要,电源和信号是整个图纸的主干线,其他都是分支线。电源确定后,可以减少很多画图中产生的不合理甚至错误。比如与电源相接的电阻、电容,不管PCB中是横放还是竖放,画成原理图后基本上应竖着放置,否则,会破坏图纸的结构,以致无法识别。

结合本任务,按照这个思路来寻找电源回路:从印制板标记上,可以看出电源供电的插座是实物中的2CZ4,如图2.27所示。另外一个特点是,电源和地线往往比较粗,这也是寻找电源的一个重要途径。

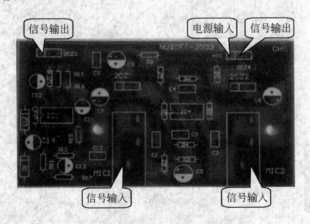

图2.27 电源供电插座实物板

电路内部的电源供给线可以从以下两个方面进行查找。一个方面是找板中较大的电解电容,一般情况下,最大的电解电容是电源的去耦电容(退耦电容),而且旁边一般并联一个高频电容(如104等),这是电路设计的通用方法。

另一方面可以从芯片入手。板中用到的LM17358、JRC4558都是通用双运算放大器,其供电引脚为8号脚电源正极(VCC),4号脚电源负极或接地(VSS或GND),由此倒推可以找到内部电路的供电线路。

2. 寻找输入、输出端

根据板的布局和整体结构以及所了解的功能,确定输出端、输入端。好在本实物板标注比较详细,为判断输入端、输出端提供了很有用的信息和依据。另外芯片的输入、输出引脚也是寻找输入、输出的重要依据。确定了输出、输入后,也就大致可以确定了电路中信号的走向。

结合本任务,我们来寻找信号的输入、输出端。本任务中尽管没有输出、输入的明显标志,但利用实际安装的元器件和芯片的输入、输出引脚,还是能找到实物板的输入、输出端口的。从安装的实物可以判断出实物板中的两个话筒插座是整块板子的信号输入端,如图 2.27 所示。

根据集成电路的输出端(运算放大器的 1、7 号脚)顺藤摸瓜,可以判断出插座 2CZ3 和 2CZ4 都是信号的输出端,如图 2.27 所示。

3. 寻找信号线

不管是放大器、振荡器,还是一般的控制电路,总存在着信号的传递。寻找信号传递的路径对整个图纸的完成也是关键所在。有了信号传递路线,电路的整个结构和框架就基本形成,而且不会走样,信号线的寻找要从输入端开始。

结合本任务,我们来寻找信号线。寻找信号线的关键是分析核心芯片的引脚功能和典型应用图。通过查找芯片资料,获得帮助是技术人员应具备的一项重要技能。本任务也通过此方法为我们确定信号流程提供帮助。

实物板中用到 LM17358、JRC4558,经查阅资料,其内部结构如图 2.28 所示。因此可以跟踪 2、3 和 5、6 输入端以及 1、7 输出端,对信号进行跟踪,以确定信号的大致流程。

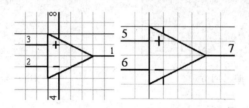

图 2.28　LM17358、JRC4558 内部结构图

4. 参阅器件的典型应用

除了电源和信号线,要想绘制出"好看"的电路原理图,必须非常注重局部电路,也就是局部电路的绘制要与典型电路挂起钩来,这样画出的原理图不会走样。

2.1.3　技术报表生成

通过以上剖析,经过整理,得到原理图文件如图 1.36 所示。

有了这些文件可以实施技术报表的生成,以供其他部门使用。这里技术报表主要是材料表,即 BOM 表。在原理图中产生 BOM 表的方法已经在前面的项目一的任务中交代,读者可以参阅这部分内容。这里介绍从 PCB 设计图中产生材料表,具体如下:

① 打开印制板图文件。

② 执行如图 2.29 所示的菜单"File"→"CAM Manger…"命令,出现如图 2.30 所示的"Output Wizard"而输出向导。

③ 依次单击 Next> 按钮直到结束,如图 2.31 所示,最后单击 Finish 按钮。

④ 此时材料表格仍未出现,需要按 F9 键,材料表就产生了。

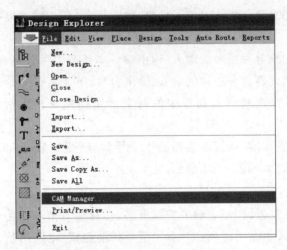

图 2.29 CAM Manger 菜单

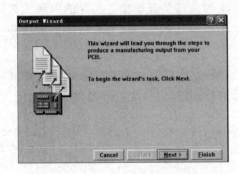

图 2.30 输出向导

图 2.31 完成向导

2.1.4 样机制作与调试

剖析完成后,接下来要制作印制板了,并进行安装、调试。下面分别介绍。

1. 制作印制板

印制板的制作有多种方法,可以采用物理工艺,即雕刻的方法,也可以采用化学工艺,即蚀刻的方法。由于设备不同,其制作的流程和工艺也就不尽相同,这里介绍简单的"热转印＋腐蚀"的方法。

① 打印图纸。用激光打印机将设计图纸的底层(Bottom Layer)打印到热转印纸上。

② 转印。将热转印纸的打印面紧贴在敷铜板上,经过热转印机(温度设置在145℃左右),将设计图转印到敷铜板上。

③ 腐蚀。用化学反应法将多余铜箔腐蚀(化学药品为:三氯化铁或者盐酸＋过氧化氢(双氧水)),使用时请注意安全。

④ 清洗、打孔。将印制板用清水冲洗,保证化学药品完全洗掉,然后用小型台钻打孔。常用钻头规格有:$\phi=0.8$mm,用来打 IC、电阻、电容的引脚孔;$\phi=1.0$mm,用来打信号插座的引脚孔,其他依元器件的引脚根据具体来定。

2. 制作步骤

第一步,新建 PCB 元件封装库文件,文件名为主控板.lib。

① 根据图 2.32 所示来绘制电容封装 CAP，1-2 引脚间距为 4mm。

图 2.32　CAP 封装

② 根据图 2.33 所示绘制蜂鸣器的封装 BUZZER。焊盘引脚间距为 250mil。

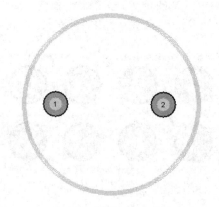

图 2.33　BUZZER 封装

③ 根据图 2.34 所示绘制封装 LED。焊盘大小为 62mil，孔径为 40mil，引脚间距为 100mil。

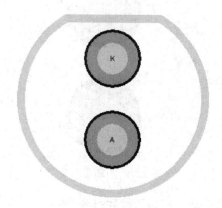

图 2.34　LED 封装

④ 根据图 2.35 所示绘制显示管的封装 NLED。焊盘引脚行间距为 100mil，列间距为 600mil。

⑤ 根据图 2.36 所示绘制晶振的封装 IDC-12。焊盘大小为 62mil，孔径为 38mil，引脚间距、行距分别为 100mil。

⑥ 根据图 2.37 绘制发光二极管的封装 LED1。焊盘大小为 65mil，孔径为 40mil，引脚间距为 100mil，外形尺寸直径为 150mil。

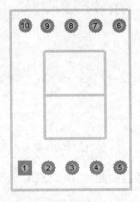

图 2.35 NLED 封装

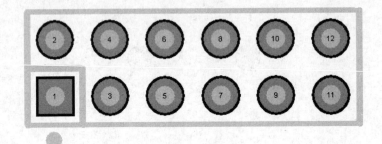

图 2.36 IDC-12 封装

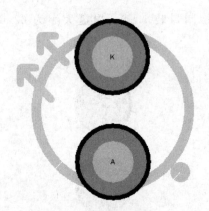

图 2.37 LED1 封装

⑦ 根据图 2.38 所示绘制贴片发光二极管封装 0805+。

⑧ 根据图 2.39 所示绘制封装 DIODE0.3。焊盘引脚间距为 300mil。

⑨ 根据图 2.40 所示绘制封装 RB.1/.2。焊盘引脚间距为 100mil，外径为 200mil。

⑩ 根据图 2.41 所示绘制按钮封装 AN，按钮内部 1-4 脚，2-3 脚相连；焊盘大小为 70mil，孔径为 38mil，列间距为 280mil，行间距为 190mil。

第二步，新建 PCB 文件，文件名为主控板.PCB。

① PCB 形状为正方形，尺寸为 75mm×75mm，如图 2.42 所示。外形轮廓线为机械 4 层。

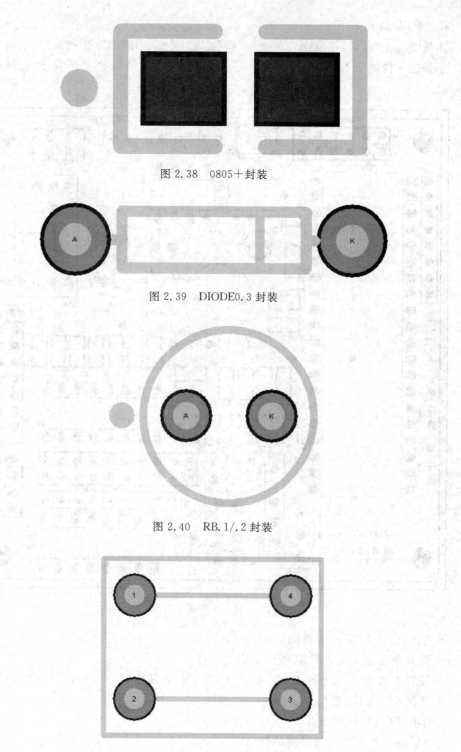

图 2.38 0805+封装

图 2.39 DIODE0.3 封装

图 2.40 RB.1/.2 封装

图 2.41 AN 封装

② 在板四角添加直径为 3.5mm 以机械层表示的螺钉孔,孔中心距上、下边缘为 5.0mm,孔中心距左、右边缘为 4.0mm。

第三步,布局 PCB 元件。

① 按图 2.42 布局,注意 JP4 的 19 引脚与 JP3 的 25 引脚间水平间距为 5mm。

② 修改元件的参数。元件标号置于元件的上方,元件标号字体高度为 60mil,宽度为 5mil。

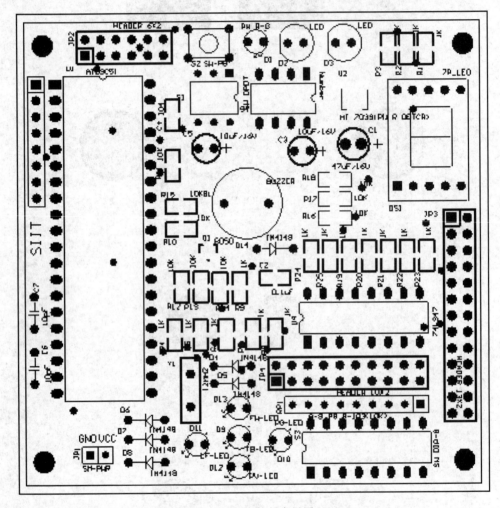

图 2.42 主控板布局图

第四步,设置 PCB 布线规则。

① 设置全板电气安全间距为 10mil。

② 设置走线宽度:GND 为 25mil,VCC 为 30mil,其他网络为 10mil。

③ 顶层水平布线、底层垂直布线。

第四步,PCB 布线和修改。

对全板进行布线并进行必要的调整。

思考与练习

1. 如何确定元器件在实物板中的坐标位置?
2. 如何用测量法完成实物板的"抄板"?

3. 如何用扫描法完成 PCB 的"抄板"?
4. 如何将实物板转换成原理图?
5. 如何添加中间层?如何打开中间层?
6. 根据自己学校的设备,简述印制板制作的大致流程。

任务 智能小车遥控实物板的剖析与制作

[任务目标]

> 能将简单实物板(双面板)转换成原理图和印制板图;能使用贴片元器件进行线路设计;能正确实施高压回路、大电流回路的布线;能进行组装、调试;能分析制作中出现的现象并排除各类故障。
> 能基本说出贴片元器件的特点、种类;能基本表述贴片元器件设计印制板的方法;能熟练说出大电流、高压回路的布线要点;能说出常用仪器的使用要点。
> 培养安全、正确操作仪器的习惯;培养严谨的做事风格;培养协作意识。

[任务要求]

> 绘制智能小车遥控板电路 PCB 图;
> 绘制智能小车遥控板的封装;
> 进行 PCB 的制作、设计。

[任务环境]

> 每人一台计算机,预装 Protel99SE、Office;
> 以 3 人为一组组成工作团队,根据工作任务进行合理分工。

[任务实施]

智能小车遥控实物板的剖析和制作可以分以下两步完成。

1. PCB 布局

① 根据遥控板的原理图,再按照实物进行布局,注意元件标号及大小的设置。
② 对相应的封装进行绘制并布局。

2. PCB 布线及设计

① 根据遥控板进行 PCB 的布线。
② 手工调整布线。

[任务总结]

1. 知识要求

通过任务的实施,使学生掌握智能小车遥控板的 PCB 的制作,熟练分析制作中出现的现象并排除各类故障。

2. 技能要求

能根据遥控板进行元件封装的设计,并进行手工布线。

3. 其他

总结学生在设计遥控板 PCB 时,对元件封装的绘制及布局布线的要求。

[相关知识]

2.2 智能小车遥控实物板的剖析与制作

2.2.1 工作任务

本项工作任务是对智能小车遥控实物板进行剖析。此实物板涉及插件元器件、贴片元器件的布局;涉及大电流和高、低压电路。由此读者将学习含有插件元器件、贴片元器件的电路的布局方法,学习处理大电流回路以及高压、低压回路等电路的布线和操作技巧。同时还要掌握在印制板中进行图形、中文文字信息标注等的实用技术。

图2.43所示的是本次任务剖析的遥控板实物照片。

图2.43 智能小车遥控板

2.2.2 任务实施

剖析要求完成四个方面任务:

① 根据实物板绘制出与实物板一样的印制板图文件(在不影响设计要求时可以做些调整)。

② 根据原理图文件绘制PCB。

③ 根据原理图和印制板图文件产生相应的报表文件。

④ 重新制作样板,并进行调试,研究、分析、解决制作中的技术问题。

由于以上步骤在本模块项目一的相关任务中都做了详细交代,其过程和方法基本雷同,在此不再重复。这里着重就本任务出现的特殊问题和技术做一介绍。

随着电子产品的小型化和紧密化,插件元器件在这类产品中已无用武之地,贴片元器件已经不可阻挡地取代了插件元器件。认识和掌握贴片元器件的使用已经成为电子工程师不可或缺的技术。从实物板图片可以看出，印制板的顶层和底层都有贴片元器件，但顶层也还有部分插件元器件，这样做的原因是为了有效地利用有限的板面。

结合本任务的实物板，首先就贴片元器件及其在印制板设计中的使用进行介绍。

1. 贴片元器件概述

贴片元器件的体积和质量只有传统插件元器件的 1/10 左右。采用贴片技术（Sur face Mounted Technology，SMT）后电子产品的组装密度高、体积小（体积缩小 40%～60%）、质量轻（质量减轻 60%～80%）、可靠性高、抗振能力强、焊点缺陷率低。另外高频特性好，减少了电磁和射频干扰。

采用贴片技术后，电子产品的生产易于实现自动化，提高了生产效率，降低成本达 30%～50%。还节省材料、能源、设备、人力、时间等。

2. 贴片元器件的放置

Protel99SE 绘图软件封装库中已经自带了许多贴片元器件的封装，比如电阻、瓷片电容常用的封装是 0805、0603，三极管常用封装是 SOT23、SOT143 等，二极管常用封装有 3216、3528 等。

图 2.44 所示的是常用贴片元器件的封装。

图 2.44　常用贴片元器件的封装

设计印制板时，贴片元器件可以放在顶层（Top Layer），操作时只要直接从库中提取封装即可，与平常的插件元器件操作一样。

为了充分利用有限的板面，在大的插件元器件（如变压器、集成电路等）的底下可以放置贴片元器件，可以立体放置，这个时候贴片元器件一般在底层（Bottom Layer）。下面来操作贴片元器件在底层的放置：从元器件库中提取一个 0805 封装的元器件，在放置前按一下 Tab 键，出现如图 2.45 所示的"Coponent"对话框即"封装属性"对话框。其中 Layer 就是元器件所要放置的层，这里选底层（Bottom Layer），填入相关的标号和参数后单击 OK 按钮，出现如图 2.46 所示界面。

图 2.45　"封装属性"对话框　　　　　图 2.46　填写属性后的封装

比较贴片元器件在顶层(Top Layer)和底层(Bottom Layer)的情况可以发现,在顶层时其焊盘是红色的,在底层则是蓝色的。另外,在顶层时其文字是正向的,在底层则是反向的。这一点初学者特别要注意,否则会造成印制板上的标志文字出现方向性错误而造成印制板的瑕疵,作为产品还得重新制板,造成不必要的经济损失。

3. 其他元器件封装

本任务中,除了贴片元器件,还有电源开关的封装 SPDP 需要自制,具体过程请参考制作步骤中的介绍。

4. 布线

布线完成后的印制板图如图 2.47 所示。通过观测实物板可以发现,板中的上、下几条线路比较特殊,即在原来的铜箔线上进行了喷锡处理,另外板中个别地方进行了开槽处理。这些技术在今后的设计中将经常被使用。其实质就是对大电流回路和强弱电进行特殊处理。

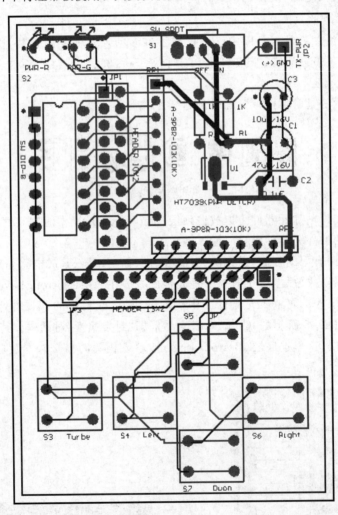

图 2.47 布线完成后的印制板图

2.2.3 制作步骤

新建 PCB 元件封装库文件,文件名为遥控板.lib。

第一步,根据图 2.48 所示绘制电源开关封装 SPDP。定位孔大小为 80mil×110mil,孔径为 65mil,间距为 315mil,焊盘尺寸大小为 50mil×80mil,孔径为 35mil,焊盘间距为 78mil。

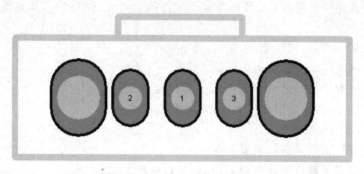

图 2.48　SPDP 封装

第二步,新建 PCB 文件,文件名为遥控板.PCB。

PCB 形状为长方形,尺寸 50mm×75mm,如图 2.49 所示。外形轮廓线为机械 4 层。

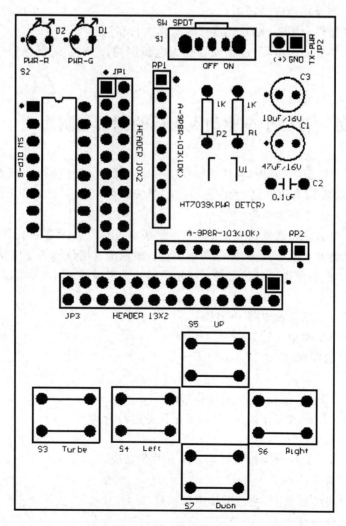

图 2.49　遥控板布局图

第三步,布局 PCB 元件。
① 按图 2.49 所示布局,注意 JP1 的 19 引脚与 JP3 的 21 引脚间水平间距为 5mm。
② 修改所有元件的参数;元件标号置于元件的上方,元件标号字体高度为 60mil,宽度为 5mil。

第四步,设置 PCB 布线规则。
① 设置全板电气安全间距为 10mil。
② 设置走线宽度。VBB 为 30mil,其他网络为 20mil。
③ 设置为双面布线:顶层水平布线,底层垂直布线。

第五步,PCB 布线和修改。
① 对全板进行布线并进行必要的调整。
② 将全部按钮元器件的焊盘加上泪滴,泪滴参数为默认。

思考与练习

1. 如何确定元器件在实物板中的坐标位置?
2. 如何将实物板转换成原理图?
3. 如何对有插件元器件、贴片元器件的电路进行布局?
4. 根据自己学校的设备,简述如何处理大电流回路以及高压、低压回路等电路的布线和操作技巧。

任务　智能小车驱动实物板的剖析与制作

[任务目标]
➢ 能将简单实物板(双面板)转换成原理图和印制板图;能使用贴片元器件进行线路设计;能正确实施高压回路、大电流回路的布线;能实施组装、调试;能分析制作中出现的现象并排除各类故障。
➢ 能基本说出贴片元器件的特点、种类;能基本表述贴片元器件设计印制板的方法;能熟练说出大电流、高压回路的布线要点;能说出常用仪器的使用要点。
➢ 培养安全、正确操作仪器的习惯;培养严谨的做事风格;培养协作意识。

[任务要求]
➢ 绘制智能小车驱动板电路 PCB 图;
➢ 绘制智能小车驱动板的封装;
➢ 进行 PCB 的制作、设计。

[任务环境]
➢ 每人一台计算机,预装 Protel99SE、Office;
➢ 以 3 人为一组组成工作团队,根据工作任务进行合理分工。

[任务实施]
智能小车驱动实物板的剖板与制作分以下两步完成。

1. 驱动板的设计
① 根据驱动板的原理图,按照实物进行布局。
② 注意元器件标号及大小的设置。

2. 由实物板设计 PCB 图及手工布线
① 根据实物板进行 PCB 的布局。
② 手工布线。

[任务总结]
1. 知识要求
通过任务的实施,使学生掌握智能小车驱动板的封装、绘制,及驱动板 PCB 的绘制。
2. 技能要求
能熟练运用 Protel 软件对元件的部件进行绘制和设计。
3. 其他
总结学生在驱动板的 PCB 绘制中,主要元件的封装绘制,及 PCB 布局、布线的技术。

[制作步骤]
第一步,新建 PCB 元件封装库文件,文件名为驱动板.lib。
① 根据图 2.50 所示绘制发光二极管封装 SLA12。焊盘尺寸为 X:70mil,Y:110mil,孔径:50mil。焊盘间距:100mil,固定孔孔径:118mil,相距:25.5mm,距焊盘中心:17mm。
② 根据图 2.51 所示绘制 HT7039 的封装 SOT-89。

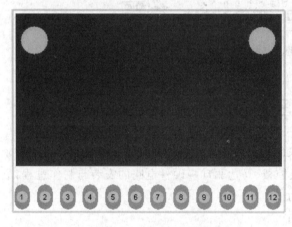 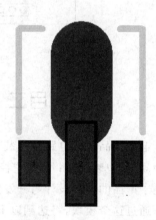

图 2.50 SLA12 封装　　　　　　　图 2.51 SOT-89 封装

第二步,新建 PCB 文件,文件名为驱动板.PCB。
① PCB 形状为正方形,尺寸为 75mm×75mm,如图 2.52 所示。外形轮廓线为机械 4 层。
② 在板四角添加直径为 3.5mm 以机械层表示的螺钉孔,孔中心距上、下边缘为 5.0mm,孔中心距左、右边缘为 4.0mm。

第三步,PCB 元件布局。
① 按图 2.52 所示进行布局。
② 修改元件参数:元件标号置于元件的上方,元件标号字体高度为 60mil,宽度为 5mil。

第四步,设置 PCB 布线规则。
① 设置全板电气安全间距为 10mil。
② 设置走线宽度。GND 为 50mil,VDD 为 30mil,其他网络为 10mil。
③ 设置为双面布线:顶层水平布线,底层垂直布线。

第五步,PCB 布线和修改。
对全板进行自动布线并进行必要的调整。

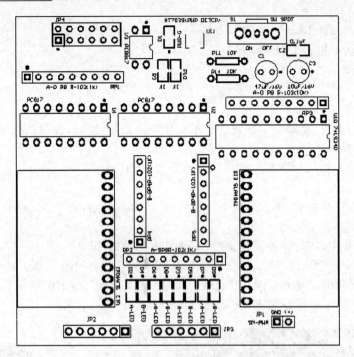

图 2.52 驱动板布局

项目二　电子产品控制电路的安装

电子产品控制电路的安装时要求能根据电子产品的技术要求正确选用器件。要求了解产品规格、包装配件；掌握主控板、遥控板、马达驱动板硬件电路的安装与制作过程，具备从事电子产品的辅助设计与开发的能力。

通过这个模块，将达到以下要求：

➢ 熟悉常用电子产品常用的器件及功能，并进行元器件的检测。
➢ 能熟练使用电子产品安装的工具（斜口钳、尖嘴钳、压接钳、恒温烙铁、台式电钻等）及专用设备和基本材料。
➢ 掌握安装前的准备工艺。
➢ 掌握手工焊接技术。
➢ 能正确进行电子产品控制电路的安装。
➢ 了解常用电子仪器（示波器，万用表，信号发生器、晶体管毫伏表等）的使用方法。
➢ 熟悉质量管理和质量保证体系。
➢ 熟悉与职业相关的安全法规、道德规范和法律知识。

重点知识与关键能力要求

重点知识要求：

元件的分类测试；

手工焊接技术；

电子产品控制电路的安装；
了解常用电子仪器的使用方法。
关键能力要求：
熟练使用电子产品的安装工具；
手工焊接技术；
熟练使用电子仪器进行检测。

任务　智能小车主控实物板的安装

[任务目标]
- 熟悉电子产品常用的器件及功能，能对电子产品器件的性能进行检测；
- 熟悉焊接的基本知识，能熟练进行手工焊接及安装，并能对电路进行检测并调整；
- 能熟练使用电子产品安装的工具（斜口钳、尖嘴钳、压接钳、恒温烙铁、台式电钻等）及专用设备和基本材料；
- 正确焊接各控制板模块。

[任务要求]
- 能根据电子产品设计的技术要求、生产要求正确选择与采购元件；
- 能熟练进行手工焊接及安装；
- 能正确使用电子仪器，使用安装工具对主控板的器件进行检测；
- 掌握安装前的准备工艺。

[任务环境]
- 示波器，万用表，信号发生器，晶体管毫伏表，焊接、安装工具；
- 以 3 人为一组组成工作团队，根据工作任务进行合理分工。

[任务实施]
智能小车主控实物板的安装可以分以下三步完成。
1. 熟悉电子产品常用器件
① 熟悉焊接的基本知识。
② 正确选择采购元件，能对电子产品器件的性能进行检测。
2. 安装
① 根据主控板原理图熟练进行手工焊接。
② 技术报表生成，样机制作与调试。
3. 调试
对安装好的主控板进行检测、调试。

[任务总结]
1. 知识要求
通过任务的实施，使学生熟悉电子产品常用的器件及功能，并熟练进行手工焊接及安装。
2. 技能要求
能正确选择与采购元件，并对主板元器件的性能进行检测。
3. 其他
总结学生在主控板焊接时注意的事项，及元器件检测时的重点。

［相关知识］

2.3 智能小车主控实物板的安装介绍

2.3.1 工作任务

本项工作任务是对智能小车主控板进行焊接安装,目的让读者掌握主控实物板的具体焊接过程和方法。根据所提供的相关焊接技术,同时进行实际的焊接制作、调试,训练故障分析与排除能力。

2.3.2 任务实施

根据要组装的如图2.1所示的主控板实物照片,由小而大、由内而外按要求完成主控板焊接任务。

① 先焊接SMD电阻再焊接7039,如图2.53所示。

② 插入二极管,再背焊二极管。

③ 插入LED。先测量,数字电表:红棒为+,黑棒为-,模拟电表:红棒为-,黑棒为+,如图2.54所示。

图2.53 焊贴片电阻

图2.54 焊LED和二极管

④ 放上电解电容,后背面焊接,如图2.55所示。

⑤ 插入蜂鸣器(正端对白点),如图2.56所示。

图2.55 焊电解电容

图2.56 焊蜂鸣器

⑥ 焊接排针,此时要特别注意:反插6*2排针,如图2.57所示。

⑦ 插入七段显示器即数码管,背面焊接,如图2.58所示。

图 2.57 焊排针

图 2.58 插入数码管

⑧ 插入 13 * 2 排针,背面焊接,如图 2.59 所示。
⑨ 插入 16PIN 脚座,如图 2.60 所示。

图 2.59 焊 13 * 2 排针

图 2.60 插入 16PIN 脚座

⑩ 插入 8PIN 指拨开关,背面焊接,如图 2.61 所示。
⑪ 插入 4PIN 指拨开关,背面焊接,ON 朝外,如图 2.62 所示。

图 2.61 焊 8PIN 指拨开关

图 2.62 插入 4PIN 指拨开关

⑫ 插入按键式切换开关,如图 2.63 所示。
⑬ 插入 40PIN 脚座,如图 2.64 所示。
⑭ 插入 16PIN、7447IC 并焊接,如图 2.65 所示。
⑮ 插入高亮 LED,如图 2.66 所示。

图 2.63 按键式切换开关

图 2.64 插入 40PIN 脚座

图 2.65 焊 16PIN

图 2.66 插入高亮 LED

2.3.3 主控板操作说明

① 由 4 个 4 号电池提供约 6V 之直流电压给主控板作为电源,当按下主控板上编号 S1 的 POWER 电源开关时,编号 D1 的 PWR-G 电源指示灯应亮起(绿色灯)。此外由一个 5 号 9V 电池提供直流电压给驱动板作为电源,当驱动板上编号 S1 的 SW_SPDP 电源开关切至 ON 时,电路板上编号 D1 的 PWR-G 电源指示灯会亮起(绿色灯)。

② 依照三人一组来设定无线遥控车的队别,若小组号码为奇数则 S4 指拨开关的 B0 设定为 A 队,此时编号为 D2 的红色高亮度 LED 会亮起;假使小组号码为偶数,那么 S4 指拨开关的 B0 应设定为 B 队,此时编号为 D3 的绿色高亮度 LED 会亮起。

③ 再依据小组号码之末码数字来设定无线遥控车的号码,由于用来设定号码的位只有三个(S4 指拨开关的 B1~B3 位),所以仅能决定 8 个编号(号码 0 至号码 7),因此小组号码最后一码数字为 0、8 和 9 的小组号码请统一将无线遥控车的号码设定为 0,其他小组号码最后一码数字为 1~7 的操作者则把无线遥控车的号码设定成相同的数字即可,设定完成后会在编号为 DS1 的 7P_LED 七节显示器上看到号码。

④ 接着请根据小组号码末二码之数字,将十进制数字转换成八位二进制的数值,以利用来作为 RF 通信模块频道的设定之用(传送端与接收端之频道必须设定相同),例如小组号码末二码为 99 则转换成八位二进制数值为 01100011B,利用这个二进制数值藉由编号为 S3 的 SW DIP-8 指拨开关来设定 RF 通信模块接收端的频道;设定频道时直接将八位二进制数值对应到 8 Pins 指拨开关上,左边为高位,右边为低位,且指拨开关未压下时代表"1",压下指拨开关时代表"0"。

⑤ 当操作者透过遥控板进行无线控制时,主控板上编号 D10~D14 的五颗黄色 LED 会依据 RF 模块所接收到的信号进行数据信号的显示。

⑥ 当主控板或驱动板所使用的电池电源,其电压值低于3.9V时,主控板上编号B1的BUZZER蜂鸣器会发出连续的"哔哔哔"声作为低电压警示音。

思考与练习

1. 在主控板PCB设计中你是如何进行焊接的?焊接时应该注意些什么?
2. 在主控板PCB焊接中你是如何使用常用电子仪器(示波器,万用表,信号发生器,晶体管毫伏表等)?
3. 在主控板PCB焊接时,如何对电路进行检测并调整?

任务　驱动板实物板的安装

[任务目标]

- 正确选择与采购元件,能对电子产品器件的性能进行检测;
- 能熟练使用电子产品安装的工具(斜口钳、尖嘴钳、压接钳、恒温烙铁、台式电钻等)及专用设备和基本材料;
- 能熟练使用常用电子仪器(示波器、万用表、信号发生器、晶体管毫伏表等);
- 掌握焊接的基本知识,能熟练进行手工焊接及安装,并能对电路进行检测并调整;
- 熟练掌握马达驱动板控制电路安装的基本要求及工艺流程;
- 熟悉安装的质量管理和质量检查。

[任务要求]

- 熟悉电子产品常用的器件及功能,能根据电子产品设计的技术要求、生产要求正确选择与采购元件,能对电子产品器件的性能进行检测;
- 能熟练进行手工焊接及安装;
- 能正确使用电子仪器,对驱动板的器件进行检测。

[任务环境]

- 示波器,万用表,信号发生器,晶体管毫伏表,焊接、安装工具等;
- 以3人为一组组成工作团队,根据工作任务进行合理分工。

[任务实施]

驱动板实物板的安装可以分以下三步完成。

1. 熟悉电子产品常用器件
① 熟悉焊接的基本知识。
② 正确选择采购元件,能对电子产品器件的性能进行检测。

2. 安装
① 根据驱动板原理图能熟练进行手工焊接。
② 生成技术报表,并进行样机的制作与调试。

3. 调试
对安装好的驱动板进行检测、调试。

[任务总结]

1. 知识要求

通过任务的实施,使学生熟练掌握智能小车的器件及其功能。

2. 技能要求

能熟练掌握智能小车驱动板的焊接,并进行检测。

3. 其他

总结学生在驱动板焊接时注意的事项及元器件检测时的重点。

[相关知识]

2.4 驱动板实物板安装介绍

2.4.1 工作任务

本项工作任务是对智能小车驱动板进行焊接安装,目的让读者掌握驱动实物板的具体焊接过程和方法。根据所提供的相关焊接技术,同时进行实际的焊接制作、调试和训练故障分析与排除。

2.4.2 任务实施

根据要组装的如图 2.67 所示的驱动板实物照片,由小而大、由内而外按要求完成驱动板焊接任务。

图 2.67 智能小车驱动板

① 定位孔确认后,利用钻头和打孔机钻孔。钻头如图 2.68 所示,打孔机如图 2.69 所示。

图 2.68 钻头

图 2.69 打孔机

② 给 SMD 单边上焊锡，如图 2.70 所示。
③ 给 SMD LED 单边上焊锡，如图 2.71 所示。

图 2.70　SMD 单边焊接

图 2.71　焊接 SMD LED

④ 焊接 SMD 电阻，如图 2.72 所示。
⑤ 焊接电机，如图 2.73 所示。

图 2.72　焊接 SMD 电阻

图 2.73　焊接电机

⑥ 焊接电解电容，如图 2.74 所示。
⑦ 焊接 SLA4061，再背面焊接。插入 SLA4061，然后压弯使孔位对准，如图 2.75 所示。先锁上螺丝/螺帽，再背焊 SLA4061，如图 2.76 所示。

图 2.74　焊接电解电容

图 2.75　压弯 SLA4061

⑧ 焊接排阻，如图 2.77 所示，放上排阻。

图 2.76　固定 SLA4061　　　　　　图 2.77　焊接排阻

⑨ 焊接 PC817 IC,再压弯 PC817 IC,然后插入 PC817,最后背焊 PC817,如图 2.78 所示。

⑩ 焊接 20PIN 脚座,再插入 20PIN 脚座,然后背焊脚座,如图 2.79 所示。

图 2.78　焊接 PC817　　　　　　图 2.79　焊接 20PIN 脚座

⑪ 焊接电源/开关,再插入电机连接座,如图 2.80 所示。
⑫ 焊接电机连接座,再插入 6*2 母排座,如图 2.81 所示。

图 2.80　焊接电源开关　　　　　　图 2.81　焊接电机连接座

⑬ 焊接 6*2 母排座,再进行 74240 IC 折脚,然后插入 74240 IC,如图 2.82 所示。
⑭ 结果如图 2.83 所示。

图 2.82　焊接 74240

图 2.83　焊接完成

2.4.3　驱动板操作说明

驱动板实物图如图 2.84 所示。

① 由一个 5 号 9V 电池提供直流电压给驱动板作为电源,当驱动板上编号 S1 的 SW_SPDP 电源开关切至 ON 时,编号 D1 的 PWR-G 电源指示灯会亮起(绿色灯)。

② 当操作者透过遥控板进行无线控制时,驱动板会依据单芯片所传送过来的控制信号,在编号 D2～D9 的 8 颗 SMD 的红色 LED 上,呈现出用来控制步进马达的数据信号。

③ 驱动板上的光电耦合器(PC817)在焊接时无须使用 IC 脚座。

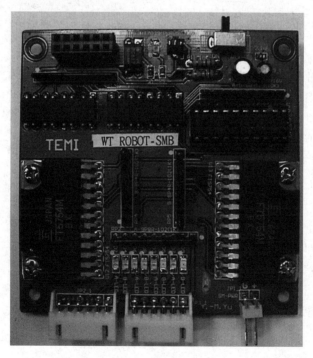
图 2.84　驱动板实物图

思考与练习

1. 在驱动板 PCB 设计中你是如何进行焊接的,焊接时应该注意些什么?
2. 在驱动板 PCB 焊接中你是如何使用常用电子仪器(示波器,万用表,信号发生器,晶体管毫伏表等)的?

3. 在驱动板 PCB 焊接时,如何对电路进行检测并调整?

任务　遥控板实物板的安装

[任务目标]
- 正确选择与采购元件,能对电子产品器件的性能进行检测;
- 掌握安装前的准备工艺;
- 能熟练使用电子产品安装的工具(斜口钳、尖嘴钳、压接钳、恒温烙铁、台式电钻等)及专用设备和基本材料;
- 能熟练使用常用电子仪器(示波器,万用表,信号发生器,晶体管毫伏表等);
- 焊接的基本知识,能熟练进行手工焊接及安装,并能对电路进行检测并调整;
- 熟练掌握遥控板控制电路的安装的基本要求及工艺流程;
- 熟悉安装的质量管理和质量检查。

[任务要求]
- 熟悉电子产品常用的器件及功能、能根据电子产品设计的技术要求、生产要求正确选择与采购元件,能对电子产品器件的性能进行检测;
- 能熟练进行手工焊接及安装;
- 能正确使用电子仪器对遥控板的器件进行检测。

[任务环境]
- 示波器,万用表,信号发生器,晶体管毫伏表,焊接、安装工具等;
- 以 3 人为一组组成工作团队,根据工作任务进行合理分工。

[任务实施]
遥控板实物板的安装主要分以下三步完成。

1. 熟悉电子产品常用器件
① 熟悉焊接的基本知识。
② 正确选择采购元件,能对电子产品器件的性能进行检测。
2. 安装
① 根据遥控板的原理图能熟练进行手工焊接。
② 生成技术报表,样机制作与调试。
3. 调试
对安装好的遥控板并进行检测、调试。

[任务总结]
1. 知识要求
通过任务的实施,使学生熟练掌握常用电子仪器的使用,并能对电路进行检测和调整。
2. 技能要求
能熟练掌握智能小车遥控板的焊接。
3. 其他
总结学生在遥控板焊接时的注意事项,及检测时的重点。

[相关知识]

2.5 遥控板实物板的安装介绍

2.5.1 工作任务

本项工作任务是对智能小车遥控板进行焊接安装,目的是让读者掌握遥控实物板的具体焊接过程和方法,根据所提供的相关焊接技术,同时进行实际的焊接制作、调试,训练故障分析与排除能力。

2.5.2 任务实施

根据要组装如图 2.85 所示的遥控板实物照片,按由小而大,按由内而外的顺序完成遥控板焊接任务。

1. 遥控板焊接操作过程

遥控板焊接应遵循"由小而大、由内而外"的安装顺序。遥控板实物照片如图 2.85 所示。

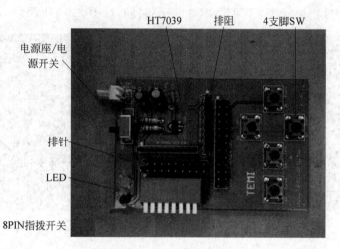

图 2.85　智能小车遥控板

① SMD 先上锡,再放元件 HT7039,并焊接如图 2.86 所示。

② 放上电阻/电容,背面焊接后,剪除多余脚,如图 2.87 所示。

图 2.86　焊接 HT7039

图 2.87　焊接电阻/电容

③ 插入排阻（白点对白点）后，焊接排阻，如图2.88所示。
④ 插入电源座/电源开关，并焊接电源座/电源开关，如图2.89所示。

图2.88　焊接排阻

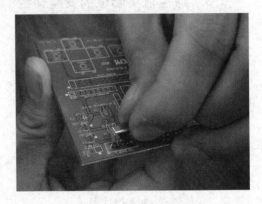

图2.89　焊接电源座和开关

⑤ 插入LED、排针（短针向下），再背面焊接，如图2.90所示。
⑥ 插入8PIN指拨开关，背面焊接（注意平整性），如图2.91所示。

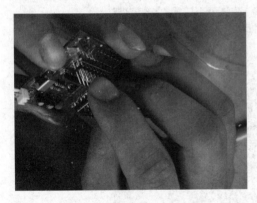

图2.90　焊接LED和排针

图2.91　焊接8PIN指拨开关

⑦ 直接放入TECK SW再背焊，如图2.92所示。结果如图2.93所示。

图2.92　焊接LED和排针

图2.93　焊接8PIN指拨开关

2.5.3 遥控板操作说明

遥控板实物图如图 2.94 所示。

图 2.94 遥控板实物图

① 由 4 个 4 号电池提供约 6.0V 的直流电压给遥控板作为电源,当把电路板上编号 S1 的 SW_SPDP 电源开关切至 ON 时,编号 D1 的 PWR-G 电源指示灯会亮起(绿色灯)。

② 当遥控板所使用之电池电源,其电压值低于 3.9V 时,电路板上编号 D2 的 PWR-R 电源警示灯会亮起(红色灯),代表处于低电压状况必须更换电池。

③ 与主控板相同,操作者必须根据小组号码末二码之数字,将十进制转换成八位的二进制的数值后,用来作为 RF 通信模块频道的设定工作,利用这个二进制数值藉由编号为 S2 的 SW DIP-8 指拨开关来设定 RF 通信模块传送端的频道(传送端与接收端之频道必须设定相同);设定频道时直接将八位二进制数值对应到 8 Pins 指拨开关上,左边(上方)为高位、右边(下方)为低位,且指拨开关未压下时代表资料"1"、压下指拨开关时代表资料"0"。

④ 操作遥控板上编号为 S3~S7 的 5 个按钮开关可以控制智能小车进行下列动作:
- 按下编号 S5 的 UP 按钮,智能小车会以一般速度往前行进。
- 按下编号 S7 的 Down 按钮,智能小车会以一般速度往后行进。
- 按下编号 S4 的 Left 按钮,智能小车会原地向左弯。
- 按下编号 S6 的 Right 按钮,智能小车会原地向右弯。
- 同时按下编号 S5 的 UP 和编号 S4 的 Left 按钮,智能小车会往前逐渐向左转。
- 同时按下编号 S5 的 UP 和编号 S6 的 Right 按钮,智能小车会往前逐渐向右转。
- 同时按下编号 S7 的 Down 和编号 S4 的 Left 按钮,智能小车会往后逐渐向左转。
- 同时按下编号 S7 的 Down 和编号 S6 的 Right 按钮,智能小车会往后逐渐向右转。
- 智能小车动作中若按下编号 S3 的 Turbo 按钮,智能小车会改以高速度来动作。

思考与练习

1. 在遥控板 PCB 设计中你是如何进行焊接的？焊接时应该注意些什么？
2. 在遥控板 PCB 焊接中你是如何使用常用电子仪器(示波器,万用表,信号发生器,晶体管毫伏表等)的？
3. 在遥控板 PCB 焊接时,如何对电路进行检测并调整？

模块三

电子产品控制程序的编写

 模块综述

作为研发助理及辅助设计人员，必须具备一定的程序分析、编写与调试能力。本模块以智能小车功能模块程序为例，通过分析程序来加深对程序的认识，提高编写和调试能力，以及故障分析和排故能力，达到编程调试实现电子产品功能的目的，也为进一步改进产品功能、开发设计新产品奠定基础。

项目一　电子产品功能模块程序的分析

在对智能小车的硬件及控制电路进行设计完之后，怎样才能让小车动起来呢？怎样才能让小车按照指定的要求进行智能运动呢？在这个项目将针对智能小车各种功能要求进行编程，并用在软件环境下进行编译和调试。

通过这个模块，将达到以下要求。
- 掌握 C 语言相关的知识；
- 根据设计需求制定方案并设计流程图；
- 学会分析电子产品 C 语言程序的功能，掌握编写一般功能程序的能力；
- 运用 Keil μVision4 软件集成开发环境编译、修改和调试程序。

重点知识与关键能力要求

重点知识要求：
- 电子产品功能模块程序；
- 电子产品软件设计流程；
- Keil μVision4 软件使用。

关键能力要求：
- 掌握 C 语言及步进电机驱动的相关知识；
- 学会根据设计需求制定方案并设计流程图；

- 掌握分析各功能模块程序功能；
- 用 Keil μVision4 软件集成开发环境编译、调试程序。

 ## 任务　智能小车功能模块程序的分析

[任务目标]
➢ 掌握 C 语言相关知识；
➢ 掌握步进电机驱动相关知识；
➢ 分析智能小车功能模块程序；
➢ 培养安全、正确操作仪器的习惯,严谨的作风和协作意识。

[任务要求]
➢ 智能小车功能模块程序的分析,了解程序执行流程,为程序绘制流程图；
➢ 运用 Keil μVision4 软件进行项目创建、管理和运行调试。

[任务环境]
➢ 每人一台计算机,预装 Protel99SE、Office、单片机 Keil μVision4 编译软件；
➢ 以 3 人为一组组成工作团队,根据工作任务进行合理分工。

[任务实施]
要求完成四个方面任务：
- 分析各功能模块设计要求与算法；
- 掌握步进电机驱动方法和程序；
- 理解分析程序并绘制流程图；
- 根据功能要求修改调试功能程序。

1. 分析各功能模块设计要求与算法讨论
① 学习分析智能小车各功能模块的具体设计要求；
② 根据软件功能划分,设计并绘制系统软件功能框图；
③ 分组讨论各模块软件功能实现的方法与算法。

2. 掌握步进电机驱动方法和程序
① 了解步进电机的分类与选择；
② 掌握 Keil μVision4 软件创建项目。

3. 理解分析程序并绘制流程图
① 结合智能小车的硬件系统阅读和理解程序；
② 学习所提供的各部分功能模块程序,分析变量参数和算法；
③ 绘制出遥控按键、电机驱动、显示部分以及蜂鸣器部分的子程序流程图。

4. 根据功能要求修改调试功能程序
① 熟练使用 Keil μVision 软件对程序进行调试和编译；
② 进一步分析软件功能要求,根据单片机丙级技能鉴定实操要求,灵活修改功能程序；
③ 各组给予不同的软件设计命题,小组讨论并修改调试程序,实现相应的功能要求。

[任务总结]
1. 知识要求
通过任务的实施,使学生掌握 C 语言相关知识和步进电机相关知识,熟悉 Keil

µVision4 的使用步骤。

2. 技能要求

能根据步进电机的驱动原理,读懂相关程序,并设计流程图。

3. 其他

总结学生在分析功能模块程序中存在的问题并给予指导。

[相关知识]

3.1 电子产品模块功能设计要求

3.1.1 主控板部分

① 由 4 个 5 号电池组成的 6V 直流电压源作为电源,当按下主控板上编号 S1 的 POWER 电源开关时,编号 D1 的 PWR-G 电源指示灯应亮起(绿色灯)。

② 当操作者通过遥控板进行无线控制时,主控板上编号 D10~D14 的五颗黄色 LED 会依据 RF 模块所接收到的信号进行数据讯号的显示。

③ 当主控板使用的电池电压值低于 3.9V 时,主控板上编号 B1 的 BUZZER 蜂鸣器会发出连续的"哔哔哔"声作为低电压警示音。

3.1.2 驱动板部分

① 由一个 9V 电池作为驱动板的电源,当驱动板上编号 S1 的 SW_SPDP 电源开关切至 ON 时,编号 D1 的 PWR-G 电源指示灯会亮起(绿色灯)。

② 当操作者通过遥控板进行无线控制时,驱动板会依据单片机所传送过来的控制信号,在编号 D2~D9 的 8 颗 SMD 的红色 LED 上,呈现出用来控制步进马达的数据信号。

③ 当驱动板使用的电池电压值低于 3.9V 时,主控板上编号 B1 的 BUZZER 蜂鸣器会发出连续的"哔哔哔"声作为低电压警示音。

3.1.3 遥控板部分

① 由四个 5 号电池组成的 6V 直流电压源作为电源,当把电路板上编号 S1 的 SW_SPDP 电源开关切至 ON 时,编号 D1 的 PWR-G 电源指示灯会亮起(绿色灯);

② 当遥控板所使用的电池电压值低于 3.9V 时,电路板上编号 D2 的 PWR-R 电源警示灯会亮起(红色灯),代表处于低电压状况必须更换电池;

③ 通过操作遥控板上编号为 S3~S7 的五个按钮开关可以控制智能小车进行下列动作:

- 按下编号 S5 的 UP 按钮,智能小车会以一般速度往前行进。
- 按下编号 S7 的 Down 按钮,智能小车会以一般速度往后行进。
- 按下编号 S4 的 Left 按钮,智能小车会原地向左转弯。
- 按下编号 S6 的 Right 按钮,智能小车会原地向右转弯。
- 同时按下编号 S5 的 UP 和编号 S4 的 Left 按钮,智能小车会往前逐渐向左转。
- 同时按下编号 S5 的 UP 和编号 S6 的 Right 按钮,智能小车会往前逐渐向右转。
- 同时按下编号 S7 的 Down 和编号 S4 的 Left 按钮,智能小车会往后逐渐向左转。
- 同时按下编号 S7 的 Down 和编号 S6 的 Right 按钮,智能小车会往后逐渐向右转。
- 智能小车行进中若按下编号 S3 的 Turbo 按钮,智能小车会以高速来行进。

3.1.4 机电组件部分

把作为辅轮使用的两个塑料圆头螺丝搭配塑料螺帽,固定在马达固定座底部前后端的两条横杆中间,调整两个作为辅轮用的圆头螺丝高度,使左右两个轮子(含轮胎)以及两圆头螺丝的高度处在同样的水平面上(但建议两个圆头螺丝的高度应该稍微比两个轮子的最底部(水平面)向上缩约 1mm);装配时每个辅轮螺丝搭配两个螺帽来使用。

3.2 步进电机的驱动

3.2.1 步进电机原理

步进电机的工作就是步进转动,其功用是将脉冲电信号变换为相应的角位移或是直线位移,就是给一个脉冲信号,电动机转动一个角度或是前进一步。步进电机的角位移量与脉冲数成正比,它的转速与脉冲频率(f)成正比。在非超载的情况下,电机的转速、停止的位置只取决于脉冲信号的频率和脉冲数,而不受负载变化的影响,即给电机加一个脉冲信号,电机则转过一个步距角。

图 3.1 所示为一四相步进电机工作原理示意图,采用单极性直流电源供电。只要对步进电机的各相绕组按合适的时序通电,就能使步进电机步进转动。

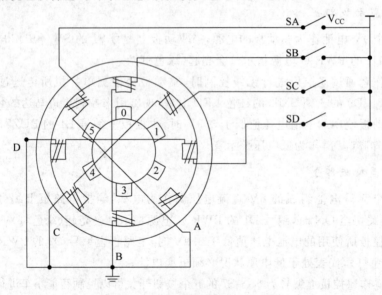

图 3.1 四相步进电机步进示意图

开始时,开关 SB 接通电源,SA、SC、SD 断开,B 相磁极和转子 0、3 号齿对齐,同时,转子的 1、4 号齿就和 C、D 相绕组磁极产生错齿,2、5 号齿就和 D、A 相绕组磁极产生错齿。

当开关 SC 接通电源,SB、SA、SD 断开时,由于 C 相绕组的磁力线和 1、4 号齿之间磁力线的作用,使转子转动,1、4 号齿和 C 相绕组的磁极对齐。而 0、3 号齿和 A、B 相绕组产生错齿,2、5 号齿就和 A、D 相绕组磁极产生错齿。依次类推,A、B、C、D。

四相绕组轮流供电,则转子会沿着 A、B、C、D 方向转动。

单四拍、双四拍与八拍工作方式的电源通电时序与波形分别如图 3.2 所示。

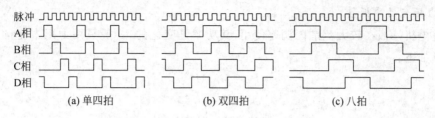

图 3.2 步进电机工作时序波形图

3.2.2 步进电机的分类与选择

现在比较常用的步进电机包括反应式步进电机(VR)、永磁式步进电机(PM)、混合式步进电机(HB)和单相式步进电机等。

反应式步进电动机采用高导磁材料构成齿状转子和定子,其结构简单,生产成本低,步距角可以做得相当小,一般为三相,可实现大转矩输出,步进角一般为 1.5°,但噪声和振动都很大。反应式步进电机的转子磁路由软磁材料制成,定子上有多相励磁绕组,利用磁导的变化产生转矩,但动态性能相对较差。

永磁式步进电机转子采用多磁极的圆筒形的永磁铁,在其外侧配置齿状定子。用转子和定子之间的吸引和排斥力产生转动,它的出力大,动态性能好,但步距角一般比较大。一般为两相,转矩和体积较小,步进角一般为 7.5°或 15°。

混合式步进电机是指混合了永磁式和反应式的优点,它又分为两相和五相。两相步进角一般为 1.8°,而五相步进角一般为 0.72°。这种步进电机的应用最为广泛,它是 PM 和 VR 的复合产品,其转子采用齿状的稀土永磁材料,定子则为齿状的突起结构。此类电机综合了反应式和永磁式两者的优点,步距角小,出力大,动态性能好,是性能较好的一类步进电动机,在计算机相关的设备中多用此类电机。

步进电机有步距角(涉及相数)、静转矩及电流三大要素组成。一旦三大要素确定,步进电机的型号便确定下来了。

1. 步距角的选择

电机的步距角取决于负载精度的要求,将负载的最小分辨率(当量)换算到电机轴上,每个当量电机应走多少角度(包括减速),电机的步距角应等于或小于此角度。目前市场上步进电机的步距角一般有 0.36°/0.72°(五相电机)、0.9°/1.8°(二、四相电机)、1.5°/3°(三相电机)等。

2. 静力矩的选择

步进电机的动态力矩很难确定,我们往往先确定电机的静力矩。静力矩选择的依据是电机工作的负载,而负载可分为惯性负载和摩擦负载两种。单一的惯性负载和单一的摩擦负载是不存在的。直接启动时(一般由低速)时两种负载均要考虑,加速启动时主要考虑惯性负载,恒速行进只要考虑摩擦负载。一般情况下,静力矩应为摩擦负载的 2~3 倍以内为好,静力矩一旦选定,电机的机座及长度便能确定下来(几何尺寸)。

3. 电流的选择

具有相同静力矩的电机,由于电流参数不同,其运行特性差别很大,可依据矩频特性曲线图,判断电机的电流(参考驱动电源及驱动电压)。

4. 力矩与功率换算

步进电机一般在较大范围内调速使用，其功率是变化的，一般只用力矩来衡量，力矩与功率换算如下：

$$P = \omega \cdot M \tag{1}$$

$$\omega = 2\pi \cdot n/60 \tag{2}$$

$$P = 2\pi n M/60 \tag{3}$$

其中，P 为功率，单位为瓦；ω 为每秒角速度；单位为弧度；n 为每分钟转速；M 为力矩，单位为牛顿·米。

$$P = 2\pi f M/400 \quad (\text{半步工作})$$

其中，f 为每秒脉冲数（简称 PPS）。

3.2.3 步进电机的驱动

步进电机的控制就是脉冲信号的控制。通过控制脉冲个数即可控制角位移量，从而达到准确定位的目的；同时通过控制脉冲频率来控制电机转动的速度和加速度，从而达到调速的目的。

脉冲的产生有两种方法，一种是用专用的驱动芯片来产生脉冲信号，这些芯片称为脉冲分配器。这些芯片已经高度集成化，不仅可以提供步进电机工作需要的工作电流，而且可以根据指令来选择不同的驱动方案。

另一种常用的控制方法是用单片机提供控制脉冲给驱动芯片，由驱动芯片来驱动电机。常用的驱动芯片为 ULN2003，又称为达林顿管，为双列 16 脚，最大驱动电压为 50V，最大驱动电流 500mA，适用于 TTL 和 CMOS 电路。它由 7 个硅 NPN 达林顿管组成，其引脚如图 3.3 所示。

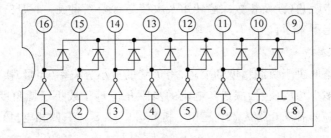

图 3.3　ULN2003 引脚图

3.2.4 基于单片机的步进电机控制

1. 驱动电路

单片机驱动电路如图 3.4 所示。单片机 AT89C51 的四个 I/O 口（P2.4～P2.7）连接 ULN2003 的 4 个输入端口（1B～4B），ULN2003 的四个输出端口（1C～4C）控制四相步进电机的四相（ABCD）。

2. 驱动程序

单片机可以采用单四拍 A-B-C-D（即 0001-0010-0100-1000）、双四拍 AB-BC-CD-DA

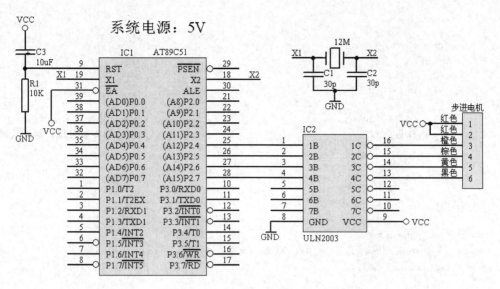

图 3.4 单片机驱动电路

(0011-0110-1100-1001)和八拍 A-AB-B-BC-C-CD-D-DA(0001-0011-0010-0110-0100-1100-1000-1001)方式驱动步进电机。下面一一介绍对应的程序。

（1）单四拍

```
#include <reg51.h>
unsigned char code F_Rotation[4]={0x10,0x20,0x40,0x80};    //正转表格
unsigned char code B_Rotation[4]={0x80,0x40,0x20,0x10};    //反转表格
void Delay(unsigned int i)                                  //延时
{
    while(--i);
}
main()
{
    unsigned char i;
    while(1)
        {
        for(i=0;i<4;i++)                                   //4 相
            {
            P2=F_Rotation[i];                              //正转,反转换成 B_Rotation[i]
            Delay(500);                                    //改变这个参数可以调整电机转速
            }
        }
}
```

（2）双四拍

```
#include <reg51.h>
unsigned char code F_Rotation[4]={0x30,0x60,0xc0,0x90};    //正转表格
unsigned char code B_Rotation[4]={0x90,0xc0,0x60,0x30};    //反转表格
void Delay(unsigned int i)                                  //延时
{
    while(--i);
}
```

```c
main()
{
    unsigned char i;
    while(1)
    {
        for(i=0;i<4;i++)                        //4 相
        {
            P2=F_Rotation[i];                   //正转,反转换成 B_Rotation[i]
            Delay(500);                         //改变这个参数可以调整电机转速
        }
    }
}
```

(3) 八拍

```c
#include <reg51.h>
unsigned char code clockWise[]={0x10,0x30,0x20,0x60,0x40,0xc0,0x80,0x90};
void Delay(unsigned int i)                      //延时
{
    while(--i);
}
void main()
{
    unsigned char i;
    while(1)
    {
        for(i=0;i<8;i++)
        {
            P2=clockWise[i];                    //正转,反转换成 clockWise[7-i]
            Delay(500);
        }
    }
}
```

3.3 电子产品各模块程序分析

3.3.1 低电平报警模块

1. 主控板和驱动板低电压报警程序

(1) 主控板低电压报警

```c
void int_0() interrupt 0                        /*主控板低电报警 2.5kHz*/
{
    while(1)
    {
        BUZZER=1;                               给蜂鸣器高电平
        delay(2);                               延时 2ms
        BUZZER=0;                               给蜂鸣器低电平
        delay(2);                               延时两 2ms
    }
}
```

(2) 驱动板低电压报警

```
void int_1() interrupt 2                              /* 马达低电报警 5kHz */
{
   while(1)
   {
     BUZZER=1;
     delay(1);
     BUZZER=0;
     delay(1);
   }
}
```

2. 分析程序的主要功能

以上两段程序主要用于智能小车在运行时的情况是否正常而启动报警。智能小车在运行时对主控板和驱动板上的电压进行测试,正常电压的下限值为 3.9V。如果电压正常,小车正常运行;如果电压过低,即低于 3.9V,系统将会产生相应低电平,从而产生中断报警。主控板和驱动板分别设置了不同的报警音调,各为 2.5kHz 和 5kHz,通过不同的报警音可以判断出是主控板还是马达的电压处于非正常状态。

3. 画出以上两段程序的流程图

主控板和驱动板低电平报警流程图分别如图 3.5 和图 3.6 所示。

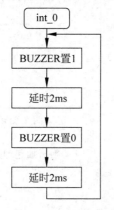

图 3.5　主控板低电压报警流程图

图 3.6　驱动板低电压报警流程图

3.3.2　小车基本运动状态

智能小车的运动状态分为基本运动状态和复杂运动状态两种情况,其中基本运动状态有前进、后退、原地左转和右转,复杂运动状态指两种运动状态的组合,具体有前进左转、前进右转、后退左转和后退右转。下面将详细讲述。

1. 智能小车前进、后退、原地左转和原地右转控制程序

(1) 智能小车前进控制程序

```
void FW_GO(void)
{    uchar i=0,j=0x33;                                //定义两个变量
     if(!P2^4)                                        //判断加速键是否按下
```

```c
            MT_D1=4;                            //是则带入延时 4ms
        else
            MT_D1=8;                            //否则带入延时 8ms
        for(;i<4;i++)                           //循环
        {
            P1=j;                               //赋值
            delay(MT_D1);                       //延时
            j=_crol_(j,1);                      //左移 00110011B-->01100110B
        }
    }
```

(2) 智能小车后退控制程序

```c
    void RV_GO(void)
    {
        uchar i=0,j=0x33;                       //定义两个变量
        if(!P2^4)                               /*判断加速键是否按下*/
            MT_D1=4;
        else
            MT_D1=8;
        for(;i<4;i++)                           //循环
        {
            P1=j;                               //赋值
            delay(MT_D1);                       //延时
            j=_cror_(j,1);                      //右移 00110011B-->10011001B
        }
    }
```

(3) 智能小车原地左转控制程序

```c
    void RL_GO(void)
    {
        uchar i=0;                              //定义两个变量
        uchar code TAB[]={0x3f,0x6f,0x9f,0xcf};
        if(!P2^4)                               /*判断加速键是否按下*/
            MT_D1=4;
        else
            MT_D1=8;
        for(;i<4;i++)                           //循环
        {
            P1=TAB[i];                          //赋值
            delay(MT_D1);                       //延时
        }
    }
```

(4) 智能小车原地右转控制程序

```c
    void RR_GO(void)
    {
        uchar i=0;                              //定义两个变量
        uchar code TAB[]={0xf3,0xf6,0xf9,0xfc};
        if(!P2^4)                               /*判断加速键是否按下*/
```

```
        MT_D1=4;
    else
        MT_D1=8;
    for(;i<4;i++)                              //循环
    {
        P1 = TAB[i];                           //赋值
        delay(MT_D1);                          //延时
    }
}
```

2. 分析程序的主要功能

程序(1)为智能小车前进控制程序,小车前进动作有前进和加速前进两个状态。当前进按键按下时,小车前进;当同时按下加速按键时,小车加速前进。

程序(2)为智能小车后退控制程序,小车后退动作有后退和加速后退两个状态。当后退按键按下时,小车后退;当同时按下加速按键时,小车加速后退。

程序(3)为智能小车原地左转控制程序,小车原地左转动作有左转和加速左转两个状态。当左转按键按下时,小车左转;当同时按下加速按键时,小车加速左转。

程序(4)为智能小车原地右转控制程序,小车原地右转动作有右转和加速右转两个状态。当右转按键按下时,小车右转;当同时按下加速按键时,小车加速右转。

3. 画出程序流程图

智能小车前进、后退、原地左转和原地右转程序流程图分别如图3.7～图3.10所示。

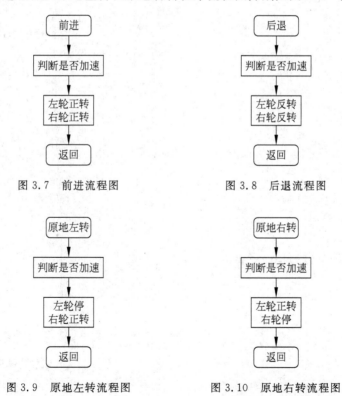

图3.7 前进流程图　　　　图3.8 后退流程图

图3.9 原地左转流程图　　图3.10 原地右转流程图

3.3.3 小车复杂运动状态

1. 智能小车复杂运动状态控制

(1) 智能小车前进左转控制程序

```
void STR_RL(void)
{
    uchar i=0;                                              //定义两个变量
    uchar code TAB[]={0xcf,0x9c,0x3f,0x69,0xcf,0x93,0x3f,0x66};
    if(!P2^4)                                               /*判断加速键是否按下*/
        MT_D1=4;
    else
        MT_D1=8;
    for(;i<8;i++)                                           //循环
    {
        P1= TAB[i];                                         //赋值
        delay(MT_D1);                                       //延时
    }
}
```

(2) 智能小车前进右转控制程序

```
void STR_RR(void)
{
    uchar i=0;                                              //定义两个变量
    uchar code TAB[]={0xfc,0xc9,0xf3,0x96,0xfc,0x39,0xf3,0x66};
    if(!P2^4)                                               /*判断加速键是否按下*/
        MT_D1=4;
    else
        MT_D1=8;
    for(;i<8;i++)                                           //循环
    {
        P1= TAB[i];                                         //赋值
        delay(MT_D1);                                       //延时
    }
}
```

(3) 智能小车后退左转控制程序

```
void BAK_RL(void)
{
    uchar i=0;                                              //定义两个变量
    uchar code TAB[]={0x3f,0x93,0xcf,0x69,0x3f,0x9c,0xcf,0x66};
    if(!P2^4)                                               /*判断加速键是否按下*/
        MT_D1=4;
    else
        MT_D1=8;
```

```
    for(;i<8;i++)                                    //循环
    {
        P1= TAB[i];                                  //赋值
        delay(MT_D1);                                //延时
    }
}
```

(4) 智能小车后退右转控制程序

```
void BAK_RR(void)                                    /*后退右转*/
{
    uchar i=0;                                       //定义两个变量
    uchar code TAB[]={0xf3,0x39,0xfc,0x96,0xf3,0xc9,0xfc,0x66 };
    if(!P2^4)                                        /*判断加速键是否按下*/
        MT_D1=4;
    else
        MT_D1=8;
    for(;i<8;i++)                                    //循环
    {
        P1= TAB[i] ;                                 //赋值
        delay(MT_D1);                                //延时
    }
}
```

2. 分析程序的主要功能

程序(1)为智能小车前进左转控制程序,小车前进左转动作有前进左转和加速前进左转两个状态。当前进左转按键按下时,小车前进左转;当同时按下加速按键时,小车加速前进左转。

程序(2)为智能小车前进右转控制程序,小车前进右转动作有前进右转和加速前进右转两个状态。当前进右转按键按下时,小车前进右转;当同时按下加速按键时,小车加速前进右转。

程序(3)为智能小车后退左转控制程序,小车后退左转动作有后退左转和加速后退左转两个状态。当后退左转按键按下时,小车后退左转;当同时按下加速按键时,小车加速后退左转。

程序(4)为智能小车后退右转控制程序,小车后退右转动作有后退和加速后退右转两个状态。当后退右转按键按下时,小车后退右转;当同时按下加速按键时,小车加速后退右转。

3. 画出程序流程图

智能小车前进左转、前进右转、后退左转和后退右转控制流程图如图 3.11～图 3.14 所示。

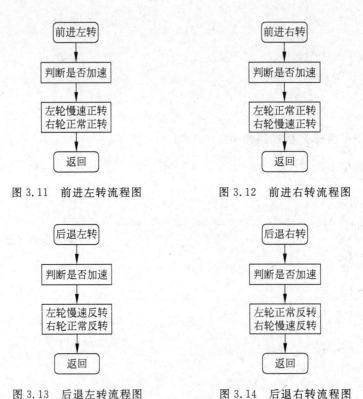

图 3.11　前进左转流程图　　　　图 3.12　前进右转流程图

图 3.13　后退左转流程图　　　　图 3.14　后退右转流程图

3.4　Keil μVision4 软件简易教程

当分析完以上功能模块程序之后就可以进行程序的编译和调试了。这里的调试软件采用 Keil μVision4 软件。

3.4.1　运用 Keil μVision4 软件新建项目工程

1. 建新工程

打开 Keil μVision4 软件，Keil μVision4 软件启动屏幕如图 3.15 所示，紧接着出现编辑界面如图 3.16 所示。

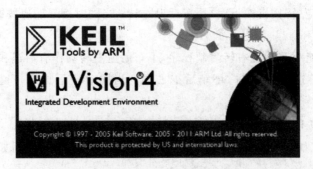

图 3.15　Keil μVision4 软件启动屏幕

在软件打开之后，选择"Project"→"New Project…"命令，如图 3.17 所示。

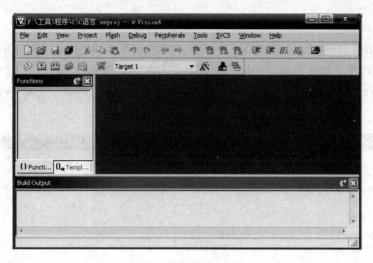

图 3.16　编辑界面

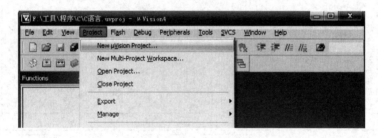

图 3.17　"新建工程"命令

2. 文件保存

选择工程要保存的路径,再输入工程文件名。Keil μVision4 的一个工程里通常含有很多小文件,为了方便管理,通常将一个工程放在一个独立文件夹下,如保存到 project 文件夹,工程文件名字为 project,如图 3.18 所示,然后单击"保存"按钮即可。工程建立后,此工程名变为"project.uvproj"。

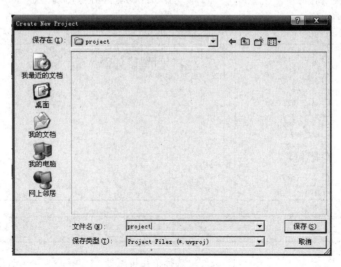

图 3.18　保存工程

3. 单片机选型

这时会弹出一个对话框,要求用户选择单片机的型号,可以根据用户使用的单片机来选择。Keil C51 几乎支持所有的 51 内核的单片机。在这里选择 Atmel 的 AT89C51 来举例说明。选中 Atmel 然后单击打开,拖动下拉菜单选择 AT89C51,再单击"OK"按钮,如图 3.19、图 3.20 所示。

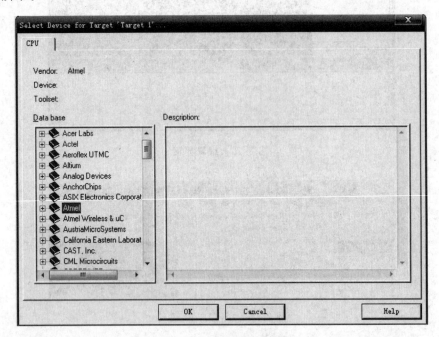

图 3.19 选择公司名称

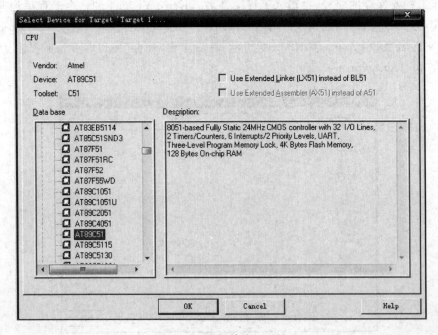

图 3.20 选择单片机型号

选择单机型号后,软件会出现提示框如图 3.21 所示。

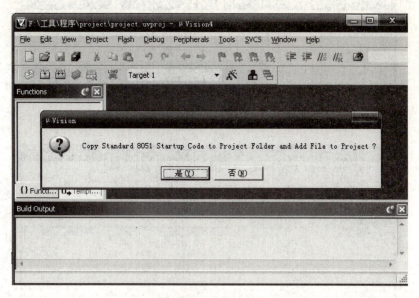

图 3.21 选型确认提示对话框

单击对话框中的"是"按钮,结果如图 3.22 所示。

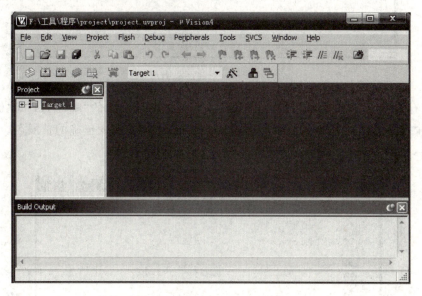

图 3.22 选型完成后的窗口界面

到此为止,还没有建立好一个完整的工程,虽然工程名有了,但是工程当中还有任何文件及代码。

4. 添加文件及代码

如图 3.23 所示执行"File"→"New"菜单命令,或单击界面上的快捷图标 ,打开如图 3.24 所示的程序编辑窗口。

此时光标在编辑窗口中闪烁,可以输入用户程序。但这个新建文件与我们刚才建立的

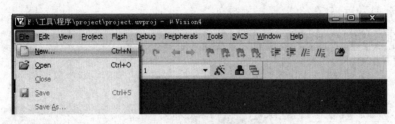

图 3.23　新建文件

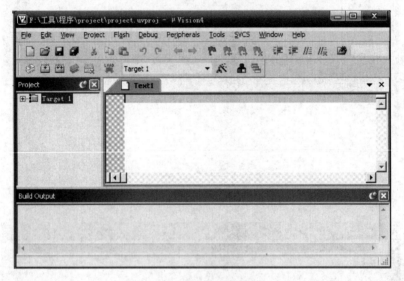

图 3.24　新建文件后的窗口界面

工程还没有直接的联系,可以单击图标 ■,打开如图 3.25 所示的"Save As"即"保存文件"对话框,输入要保存的文件名,文件名可随意命名,同时必须输入正确的扩展名。在这里使用 C 语言,所以扩展名必须为.c,然后单击"保存"按钮。

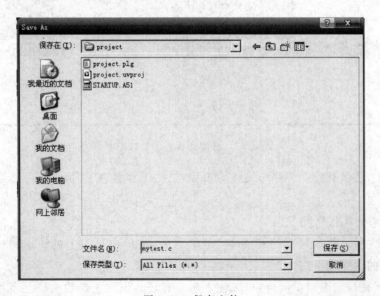

图 3.25　保存文件

回到编辑窗口,单击"Target1"前面的"+"号,然后在"Source Group"选项上单击鼠标右键,弹出如图3.26所示快捷菜单,选择"Add Files to Group'Source Group1'"菜单选项,打开"选择文件",对话框如图3.27所示。

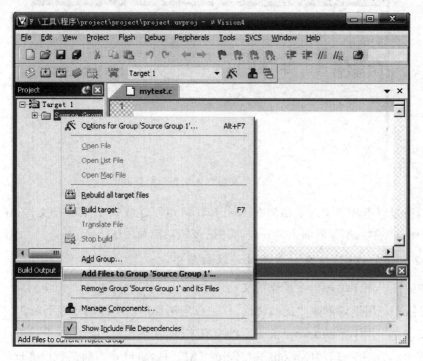

图3.26 将文件加入工程菜单

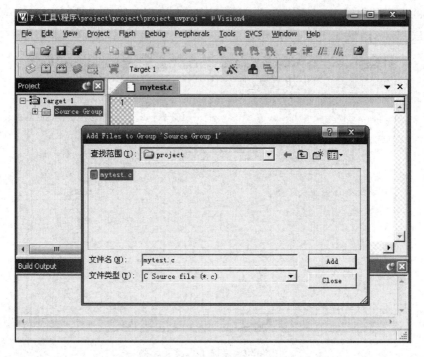

图3.27 "选择文件"对话框

选中 mytest.c,再单击"Add"按钮,然后单击"Close"按钮,到此已经将文件添加到工程中去了。添加后再单击"Sourse Group"前面的"+"号,结果如图 3.28 所示。

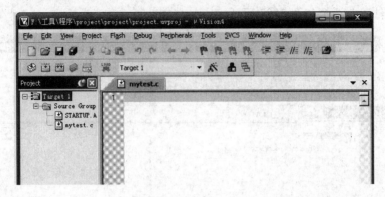

图 3.28 将文件加入工程后的界面

至此,通过以上步骤学习了如何在 Keil 编译环境下建立一个工程及文件,在开始编写程序之前有必要学习编辑界面上的一些常用的按钮功能及用法。

3.4.2 Keil μVision4 软件常用编译按钮简介

■按钮——用于编译正在操作的文件。

■按钮——用于编辑修改过的文件,并生成应用程序供单片机直接下载。

■按钮——用于重新编译当前工程的所有文件,并生成应用程序供单片机直接下载。

■按钮——用于打开"Oprions for Target"对话框,也就是当前工程设置选项。使用该对话框可以对当前工程进行详细设置。

一般的只在其中做出一项修改,单击■按钮,在出现的界面中选择 Output 项,勾选中 Create HEX File,结果如图 3.29 所示。

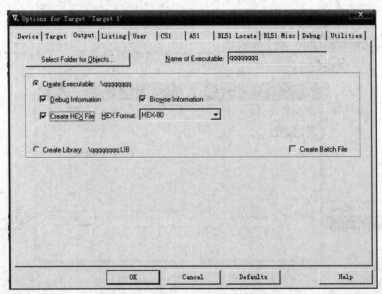

图 3.29 当前工程设置选项

做此修改的目的是在程序编译的过程中,同时创建可供单片机直接下载的应用程序 HEX 文件。在每次新建的工程文件中都要对此项做出修改,才能创建 HEX 文件。

3.4.3 Keil μVision4 软件的编译与调试

前面对常用按钮做了简单的介绍,接下来就可以在界面右侧空白处进行编写程序了。将所写的程序输入完毕后,可单击 按钮进行编译。但是在编译的过程中或多或少都会出现一些错误,在这里就需要对所写的程序进行调试以及修改。下面给出程序编译过程中出现错误后的修改过程。

编译过程中要始终注意界面下方的输出信息对话框,如图 3.30 所示。

图 3.30 没有编译前的输出信息对话框

程序编写完后,单击 按钮编译,所编写程序的信息都在该对话框中,编译出错时的对话框如图 3.31 所示。

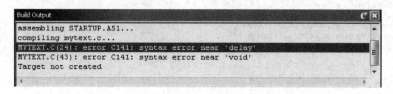

图 3.31 编译出错时的对话框

该对话框中显示了程序中的的错误,并且指定了程序出错的具体范围,比如第一条错误"MYTESE.C(24):error C141:syntax error near 'delay'"意思就是在程序第 24 行附近出错,这时只需双击该条错误指令,光标即可移动到错误的附近,如图 3.32 所示。

图 3.32 错误提示

从图 3.32 中可以看到,程序中有一行为浅蓝色并且左边有蓝色箭头,表明错误就在此附近。在此可以看到,第 23 行"BUZZER＝1"后缺少";"。修改此条错误后,再选择第二条错误进行修改。修改完毕再进行编译,图 3.33 所示的是修改调试完成后的信息输出对话框。

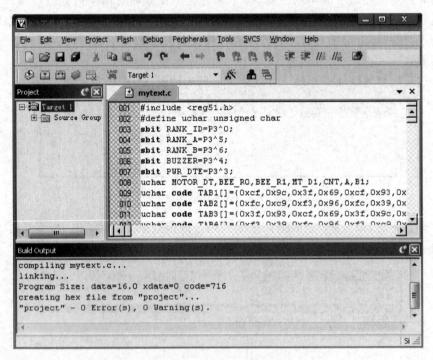

图 3.33 调试完成后的信息输出对话框

其中"creating hex file from "project"…"表示应用程序 HEX 文件已经创建,打开 project 文件夹可以看到如图 3.34 所示的应用程序 HEX。

图 3.34 应用程序 HEX

至此,我们就可以将应用程序直接下载到单片机内。如果硬件产生的现象和要求的一致,那么就可以完成此次项目,如果不一致,那还需要将原来的程序进行修改调试再编译,一直到达到要求为止。

项目二　电子产品主程序的编写

在对电子产品各模块程序进行设计编译之后,进而对电子产品的主程序进行编写,利用专用的软件进行编译和调试,最后烧录进单片机芯片,从而达到对智能小车的运动轨迹进行控制的目的。

通过这个项目,将达到以下要求:
- 巩固 C 语言相关知识;
- 分析主程序功能要求设计流程图;
- 掌握分析电子产品 C 语言程序的功能及基本的编程能力;
- 运用 Keil μVision4 软件集成开发环境编译、修改和调试程序;
- 掌握在 AT89C51 单片机上烧录程序的方法。

重点知识与关键能力要求

重点知识要求:

电子产品主程序;

Keil μVision4 软件使用;

芯片烧录方法和注意事项。

关键能力要求:

巩固 C 语言相关知识;

根据主程序功能要求设计流程图;

掌握分析程序和编写基本程序;

用 Keil μVision4 软件集成开发环境编译、调试程序;

学会在 AT89C51 单片机上烧录程序。

任务　智能小车主程序的编写

[任务目标]
- 巩固 C 语言相关知识;
- 智能小车主程序的编写调试和下载烧录;
- 培养安全、正确操作仪器的习惯,严谨的作风和协作意识。

[任务要求]
- 分析智能小车主程序,了解程序执行流程,为程序绘制流程图;
- 掌握运用编程软件对程序进行调试、修改和编译;
- 使用烧录软件下载程序到单片机芯片上。

[任务环境]
- 每人一台计算机,预装 Protel99SE、Office、单片机 Keil μVision4 编译软件;
- 以 3 人为一组组成工作团队,根据工作任务进行合理分工。

[**任务实施**]

要求完成四个方面任务：
- 分析设计要求绘制流程图主程序；
- 根据功能要求修改调试主程序；
- 下载烧录程序至单片机芯片；
- 调试优化功能程序。

1. 分析设计要求绘制流程图编写主程序

① 根据系统功能要求，分析讨论优化主程序编程结构；

② 绘制出主程序流程图；

③ 分配 I/O 口，确定变量和参数，初始化变量、寄存器和外设；

④ 主程序的编写。

2. 根据功能要求修改调试主程序

① 使用 Keil μVision4 软件对程序进行调试和编译；

② 进一步分析软件功能要求，根据单片机丙级技能鉴定实操要求，灵活修改主程序；

③ 各组给予不同的软件设计命题，小组讨论并修改调试主程序，实现相应的功能要求。

3. 下载烧录程序至单片机芯片

① 通过 Keil μVision4 软件编译得到 HEX 文件；

② 熟练使用 WT-51 ISP-WRTB 烧录 AT89C51 单片机程序。

4. 调试优化功能程序

① 进行软硬件联调，修改调试主程序，实现基本功能；

② 进一步优化算法，优化主程序。

[**任务总结**]

1. 知识要求

通过任务的实施，使学生掌握 C 语言主程序的相关知识，熟悉 Keil μVision4 的调试步骤。

2. 技能要求

能根据电子产品的功能要求，设计流程图，编写主程序，并完成调试及下载。

3. 其他

总结学生在编写智能小车主程序中存在的问题，并给予指导。

[**相关知识**]

3.5 电子产品主程序及流程图

在之前的项目中已经对智能小车各功能模块的具体设计进行了学习，接下来将进入到主程序的设计部分。

1. 绘制智能小车主程序流程图

根据设计要求，首先绘制出智能小车程序流程图如图 3.35 所示。

2. 阅读主程序流程图，分析要实现的具体功能

流程图是一个比较抽象的过程，但要对应到程序，必须要对具体工作进行展开描述。

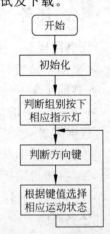

图 3.35　智能小车主程序流程图

(1) 初始化相应 I/O 口

——对 P0、P1、P2、P3 口进行初始化设置；

——延时变量赋初值；

——对中断和触发方式进行设置。

(2) 判断组别

——是 A 组，亮 A 灯；

——是 B 组，亮 B 灯；

(3) 判断方向键是否按下

——P1 口全置 1；

——屏蔽 P2 口值高四位，判断是否有键按下；

——根据 P2 口值判断是否 5 个键同时按下，是则返回。

(4) 根据键值选择相应运动状态

——根据 P2 口值判断出键值；

——根据键值调用相应子程序。

3. 根据流程图分析具体功能，编写出智能小车主程序

参考程序如下：

```
void main()                    /* 主程序 */
{
    P0=0xff;                   初始化 P0 口全 1
    P1=0xff;                   P1 口全 1
    P2=0xff;                   P2 口全 1
    P3=0xef;                   P3 口 11101111B
    MT_D1=15;                  延时变量赋初值
    IE=0X85;                   开中断 10000101 开总中断 EA,中断 0 中断 1
    TCON=0x05;                 设置低电平触发 00000101 IT0=IT1=1
    while(1)                   无限循环
    {
        if(RANK_ID==1)         /* 判断组别 */
        {
            RANK_B=1;          为 A 组亮 A 灯
            RANK_A=0;
        }
        else
        {
            RANK_B=0;          为 B 组亮 B 灯
            RANK_A=1;
        }
        P1=0xff;               P1 口全置 1
        MOTOR_DT=P2;           将 P2 口值赋给变量 MOTOR_DT
        MOTOR_DT|=0xf0;        相或屏蔽高四位
        MOTOR_DT^=0xff;        相异或,相异出一.
        if(MOTOR_DT)           判断是否有 0,有 0 则有按键按下,否则则无按键按下
        {
            A=P2;              把 P2 口赋值给变量 A
            A^=0xe0;           与 11100000 相异或
```

```
            if(A)                      判断是否5个键同时按下,是则返回
        {
            MOTOR_DT=P2;
            MOTOR_DT&=0x0f;             将P2口值与00001111相与得出键值
            switch(MOTOR_DT)            根据键值调用相应子程序
            {
                case 0x0e : FW_GO();break;    前进
                case 0x0d : RV_GO();break;    后退
                case 0x0b : RL_GO();break;    原地左转
                case 0x07 : RR_GO();break;    原地右转
                case 0x0c : STR_RL();break;   前进左转
                case 0x06 : STR_RR();break;   前进右转
                case 0x09 : BAK_RL();break;   后退左转
                case 0x05 : BAK_RR();break;   后退右转
            }
            MT_D1=15;
        }
    }
}
```

3.6 电子产品程序的烧录

1. 单片机烧录器介绍

目前可以用来烧录ATMEL公司所设计生产的AT89S51单片机烧录器很多,在此介绍WT-51 ISP-WRTB烧录实习板,如图3.36所示,下面将对这套工具的功能和操作方法作详细介绍。

图3.36 WT-51 ISP-WRTB烧录实习板

WT-51 ISP-WRTB烧录实习板具有以下功能与特色:

- 体积小巧、不占空间,烧录卡尺寸仅有53mm×42mm,实习板尺寸仅100mm×75mm。
- 质量稳定、功能齐全,使用WT-51 ISP-WRTB烧录实习板,无须其他额外之设备或

工具,既方便又简单。
- 只要 6 条线就可以并行(Parallel)传送烧录文件(＊.HEX)直接在线烧录 AT89S5X 系列的单片机。
- 可直接使用 USB 电源或选择外加电源。
- 使用外加电源时具有逆向保护和稳压功能。
- 所提供的输出控制零组组件包括红绿各 8 个 LED、共阳极七段码显示器、LCD 液晶显示器(另购)、Buzzer 蜂鸣器等。
- 可提供的输入控制零组组件包括 8 Pins DIP-SW、二只复归型 Tack-SW 等。
- 所提供的串行通信控制接口包括 RS-232 接口、UART 接口、三线式 ISP 烧录界面。
- 提供四组 I/O 脚座并存的 Port0~Port3 界面。
- 含两块 AT89S51 芯片、USB 连接线、数据传输线及四条 8 Pins 彩虹排线、两条 4 Pins 彩虹排线。

2. 硬件线路连接

一套完整的 WT-51 ISP-WRTB 烧录实习板中包括以下几个部分:
- 一片 WT-ISP WR-Card 烧录卡;
- 一片 WT-51-TB 实习板;
- 两块 AT89S51 单片机;
- 一片 $3\frac{1}{2}$ 的 1.44MB 磁盘;
- 一条 USB 连接线、一条 6 Pins 数据传输线及四条 8 Pins 彩虹排线、两条 4 Pins 彩虹排线。

有关 WT-51 ISP-WRTB 烧录实习板的使用方法和步骤主要可以分为硬件线路连接与软件功能操作这两个部分,以下针对硬件线路连接的方式介绍说明如下。

① 将 WT-ISP WR-Card 烧录卡插于计算机上的 25 Pins D 型并行槽上。

② 把 6 Pins 数据传输线一端接于 WT-ISP WR-Card 烧录卡上 6 Pins 的 J1 排针,另一端则连接在 WT-51-TB 实习板上 6 Pins 的 ISP 排针。请注意传输线两端的接脚顺序和位置。

③ 将 USB 连接线一端接于计算机的 USB 端口,另一端则连接到 WT-51-TB 实习板的 USB 脚座上。

④ 最后将 WT-51-TB 实习板上左边的电源开关打开;此时实习板上右边的电源指示灯(Power LED)会亮起,同时烧录卡上的电源指示灯(D2)也会亮起,假若这两个电源指示灯有任何一个灯没有亮起,则请依照上述步骤再行检查一次。

WT-51 ISP-WRTB 烧录实习板的硬件线路连接图详如图 3.37 所示,使用者可依照此图来连接并加以检查确认之。

3. 软件功能操作

WT-51 ISP-WRTB 烧录实习板的软件功能操作的使用步骤如下。

① 首先确认 WT-51 ISP-WRTB 烧录实习板的硬件线路连接正确无误并开启系统电源。

② 然后查看计算机硬盘中是否有一个命名为"51-ISP"的文件夹,且文件夹中存放着如

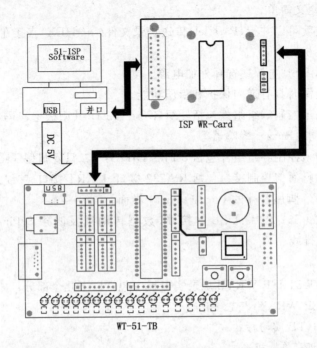

图 3.37　WT-51 ISP-WRTB 烧录实习板的硬件线路连接 DC 5V

图 3.38 所示的 9 个文件,其中"51-ISP. BAT"、"ALLOWIO. EXE"、"Atmel_ISP. SET"、"ISP-Pgm3v0. EXE"4 个文件是烧录芯片时所必需使用到的系统文件,而"BD-LED. ASM"、"BD-LED. LST"、"BD-LED. OBJ"、"BD-LED. HEX"4 个文件是一个简单的测试范例文件(让 4 个 I/O 可以同时各连接 8 个 LED 进行亮灭控制),至于"AT89S51. PDF"的内容则是介绍单片机 AT89S51 的文件。

图 3.38　硬盘中 51-ISP 数据夹内所存放的 9 个文件

③ 在 Windows 窗口环境下将光标移到 51-ISP. BAT 文件上连续单击鼠标左键两下,如此就可以成功启动 WT-51 ISP-WRTB 烧录实习板的烧录程序。烧录程序一旦顺利启动

后会在屏幕上看到如图 3.39 所示的有关 ATMEL ISP-FLASH 烧录程序的版权界面。

图 3.39　ATMEL ISP-FLASH 烧录程序的版权界面

④ 随即屏幕就会出现如图 3.40 所示的烧录器的软件功能操作对话框,将光标移到界面右边,然后点选用来切换芯片编号的倒三角形,而在下拉界面中会呈现出本烧录程序可以适用且支持的芯片编号。而本烧录实习板主要是以 AT89S5X 系列芯片作为主要的烧录芯片,因此在这里必须选择 AT89S51 或 52 或 53 等编号,依据实习板上微控制器的编号而定。

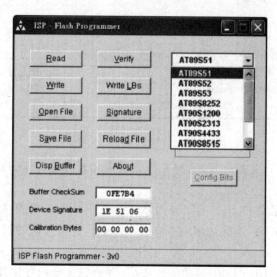

图 3.40　烧录器的软件功能操作对话框

⑤ 在正确选择单片机微控制器编号之后,紧接着就是把即将要烧录的程序代码(＊.HEX)载入计算机的内存缓冲区中。在这之前使用者必须将事先撰写好的原始程序(＊.ASM)经过组译连结的处理后产生可烧录文件(＊.HEX),再通过光标单击界面中的 Open File 的功能选项,实际操作状况如图 3.41 所示。

⑥ 出现一个"Open Hex File"对话框如图 3.42 所示。

这个对话框主要用来把即将要烧录的程序文件加载到内存中,使用者必须将所要烧录的文件路径和名称作正确的设定和切换工作。例如以磁盘中的范例为例,就必须将搜寻位

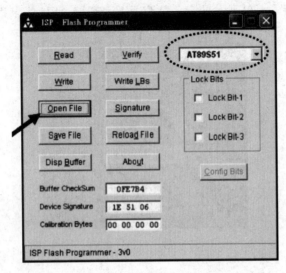

图 3.41　准备加载可烧录文件的功能操作对话框

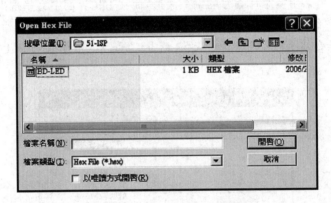

图 3.42　"Open Hex File"对话框

置切换到硬盘中 51-ISP 数据夹里,这样才可以选中名为"BD-LED. HEX"的烧录文件,最后再单击"开启"钮即可。

⑦ 完成芯片烧录文件(＊.HEX)加载工作之后,为了确保安全起见,可通过单击图 3.41 中的"Disp Buffer"功能选项来查看已经加载内存缓冲区的程序代码内容,实际操作详如图 3.43 所示。

⑧ 当使用者单击"Disp Buffer"功能选项后,界面就会把内存中即将要烧录的程序代码数据呈现在屏幕上,如图 3.44 所示。

⑨ 经过查证即将要烧录的程序代码确实已经成功加载内存缓冲区中,然后就可以直接单击"Write"功能选项(如图 3.45),在正式烧录前也可依照实际需要先行设定对话框右边的"Lock Bit-1"～"Lock Bit-1-3",或者在完成程序代码烧录工作后再设定也可以。

⑩ 单击"Write"功能选项后,使用者可以发现在烧录卡上的资料传送灯 D1 会快速地闪烁变化,代表计算机由并行口正在传送程序代码到实习板上的单片机微控制器中,而同时在烧录程序界面的下方也会出现代表数据传送进度状况的界面,当完成程序代码烧录工作之后,屏幕会出现如图 3.46 所示烧录成功的通知提示框。

模块三 电子产品控制程序的编写

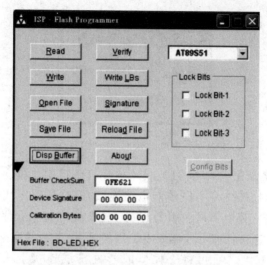

图 3.43 选择"Disp Buffer"功能选项

图 3.44 加载内存中即将烧录的程序代码数据

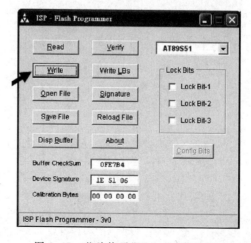

图 3.45 芯片烧录"Write"功能选项

图 3.46 芯片烧录成功的通知提示框

⑪ 程序代码一旦烧录完成后,实习板上的单片机微控制器就会自动开始执行程序,但使用者必须先行利用彩虹排线将 I/O 控制电路连接好,这样程序代码一旦烧录完成,电路马上就会开始执行工作;其中要请使用者特别注意的是在烧录程序代码过程当中,请勿在单片机的 Port1 接脚上连接任何受控体或零组组件,以免影响芯片正常的烧录工作,等完成芯片的程序代码烧录工作之后再将受控体或彩虹排线连接上去。其原因主要是因为 AT89S5X 系列的单片机芯片是通过 P1.5~P1.7 三个 I/O 引脚来进行在线实时的程序代码烧录工作的。

思考与练习

1. 模拟现实生活中的转向灯,要求智能小车在行进过程中变向时(前进左右转,后退左右转),通过 rank_A 和 rank_B 灯来实现相应的左右转向灯。

2. 要求将加速键改成减速键。

3. 根据主控板电路,按以下要求编写程序:当 S4-1 为 ON 时,红绿灯交替闪烁 4 次,熄灭,扬声器叫 3s;当 S4-1 为 OFF 时,先中间,再四周,循环 3 次,熄灭。

模块四

电子产品的组装与调试

 **模块综述**

组装技术是将电子零部件按设计要求装成整机的多种技术的综合,调试则是按照产品设计要求实现产品功能和优化的过程。作为电子产品研发助理,掌握安装技术工艺知识和调试技术对电子产品的设计、制造、使用和维修都是不可缺少的。

本模块以智能小车为载体,在小车 PCB 板都设计完成,焊接调试好的基础上,训练学员的电子产品组装和调试能力、故障分析与排除能力,以及能根据实际产品设计测试夹具的能力,达到能够胜任组装和调试员工作任务的目的。

项目一　电子产品工装测试夹具的制作

通过前面几个项目的学习,我们已完成了智能小车图纸的设计、程序的编写、各电路模块的调试。在这个项目中将根据电子产品的组装调试要求,制作电子产品工装测试夹具。

通过这个项目,将达到以下要求:
- 能设计产品的工装和测试夹具;
- 能熟练使用制作工具。

重点知识与关键能力要求

重点知识要求:
- 工装夹具设计的基本要求;
- 工装夹具设计的方法;
- 工装夹具设计的步骤。

关键能力要求:
- 熟练使用制作工具;
- 了解工装夹具设计的方法和步骤;
- 能设计产品的工装和测试夹具。

任务　智能小车工装测试夹具的制作

[任务目标]
➢ 能设计智能小车的工装和测试夹具；
➢ 能熟练使用制作工具（斜口钳、尖嘴钳、压接钳、恒温烙铁、台式电钻等）；
➢ 熟悉与职业相关的安全法规、道德规范和法律知识。

[任务要求]
➢ 了解智能小车的机械结构和电路设计；
➢ 设计智能小车的工装和测试夹具。

[任务环境]
➢ 每人一套工具和制作工装测试夹具的材料；
➢ 以3人为一组组成工作团队，根据工作任务进行合理分工。

[任务实施]
要求完成两个方面任务：
① 观察智能小车的机械部分和电路部分；
② 设计智能小车的工装和测试夹具。

1. 观察智能小车的机械结构和电路

根据智能小车的机械部分和电路部分，总结归纳智能小车机械部分和电路部分的特点。

2. 设计智能小车的工装和测试夹具

根据总结的智能小车机械和电路特点，设计智能小车的工装和测试夹具。

[任务总结]

1. 知识要求

通过任务的实施，使学生掌握工装测试夹具设计的要求、方法和步骤。

2. 技能要求

能熟练使用制作工具完成设计产品的工装测试夹具的制作。

3. 其他

总结学生在制作智能小车工装测试夹具中存在的问题并给予指导。

[相关知识]

4.1　工装夹具设计的基本要求

工装是工艺装备的简称，工艺装备就是将零件加工至设计图样要求，所必须具备的基本加工条件和手段。工艺装备包含加工设备（标准、专用和非标准设备）、夹具、模具、量具、刀具和工具等。

对本单位的工艺技术人员来讲，除了要消化设计图纸和技术要求后，进行产品零件加工的工艺文件编制及现场生产服务外，还有一个重要的任务，就是要根据工艺规程的要求，进行产品零件的装配焊接夹具和检测夹具等工装的设计工作。

1. 工装夹具的设计和使用目的

进行工装夹具的设计和使用，是能够使得零件迅速而准确地安装于夹具中的确定位置，夹具定位安装于加工设备的确定位置。因此，使用夹具加工零件时，能使零件迅速而准确地处于加工位置,从而保证零件的加工质量满足要求,这就是夹具在生产中得到广泛运用的主要原因。一般来讲,使用工装夹具的目的可以归纳为以下四个方面:

① 可以稳定地保证零件的加工质量,减小废品率;
② 可以提高零件的生产率;
③ 可以扩大加工设备的工艺范围;
④ 可以改善劳动者的劳动条件。

总之,使用工装的最根本目的就是在保证产品零件的质量稳定,满足技术要求的前提下,还要达到提高产品零件的生产率,获得较好经济效益的目的。所以,设计工装夹具也是和其他技术工作一样,不仅仅是一个技术问题,而且还是一个经济问题,每当设计一套工装时,都要进行必要的技术经济分析,使所设计的工装获得更佳的经济效益。

2. 工装夹具设计制作的基本要求

① 良好的工艺性;
② 焊接操作的灵活性;
③ 工装夹具应具备足够的强度和刚度;
④ 夹紧的可靠性;
⑤ 便于焊件的装卸。

3. 工装夹具设计制作的精度要求

夹具的制造公差,根据夹具元件的功用及装配要求不同可将夹具元件分为以下四类。

① 第一类是直接与工件接触,并严格确定工件的位置和形状的,主要包括接头定位件、V形块、定位销等定位元件。
② 第二类是各种导向件,此类元件虽不与定位工件直接接触,但它用于确定第一类件的位置。
③ 第三类属于夹具内部结构零件相互配合的夹具元件,如夹紧装置各组成零件之间的配合尺寸公差。
④ 第四类是既不影响工件位置,也不与其他元件相配合的元件,如夹具的主体骨架等。

4. 夹具结构工艺性

夹具结构工艺要求如下。

① 制造工装夹具的材料主要有探针、板材、各种连接件、定位销、导向柱、五金标准件、导线、开关、电源、轴承,传动机构、汽缸、电机、电磁阀、气动控制极等。
② 对夹具良好工艺性的基本要求。各种专用零件和部件结构形状应容易制造和测量,装配和调试方便。整体夹具结构的组成,应尽量采用各种标准件和通用件,制造专用件的比例应尽量小,减少制造劳动量和降低费用,便于夹具的维护和修理。
③ 结构的可调性。经常采用的是依靠螺栓紧固、销钉定位的方式。调整和装配夹具时,可对某一元件尺寸较方便地修磨。还可采用在元件与部件之间设置垫圈、垫片或套等来控制装配尺寸,补偿其他元件的误差,提高夹具精度。
④ 合理选择装配基准。装配基准应该是夹具上一个独立的基准表面或线,其他元件的位置只对此表面或线进行调整和修配。装配基准一经加工完毕,其位置和尺寸就不应再变动。因此,那些在装配过程中自身的位置和尺寸尚须调整或修配的表面或线不能作为装配

基准。

⑤ 维修工艺性进行夹具设计时,应考虑到维修方便的问题。

4.2 工装夹具设计的方法与步骤

1. 熟悉产品零件的技术要求,确定工装夹具的最佳设计方案

在接到设计任务书后,要准备设计工装夹具所需要的资料,包括零件设计图样和技术要求、工艺规程及工艺图、有关加工设备等资料。在了解了产品零件的基本结构、尺寸精度、形位公差等技术要求后,还要找出零件的关键和重要尺寸(必须要保证的尺寸),再基本确定工装夹具的设计方案。一些重要的工装夹具的设计方案,还需要进行充分的讨论和修改后再确定。这样,才能保证此工装设计方案能够适应生产纲领的要求,是最佳的设计方案。

2. 夹具上定位基准的确定

每设计一套工装,都应该将零件的关键和重要尺寸部位,作为工装夹具上的定位部位(定位设计),还要确定理想的定位设计(精度设计),确定主要的定位基准(第一基准)和次要的定位基准(第二基准)。第一基准原则上应该与设计图保持一致。当然,若不能保持一致,则可以通过计算,将设计基准转化为工艺基准,但最终必须要保证设计的基准要求。

定位基准的选择应该具备以下两个条件:

① 应该选择工序基准作为定位基准,这样做能够达到基准重合,而基准重合可以减小定位误差。

② 应该选择统一的定位基准,这样不仅能够保证零件的加工质量,提高加工效率,还能够简化工装夹具的结构(一般用孔和轴作为定位基准为佳)。

一般来讲,当工艺基准与设计基准不一致时,在工装设计时,设计人员应该按照工艺规程已确定的工艺基准作为工装的设计基准,因为零件的加工是按照工艺规程的流程进行的。若不按照工艺流程进行夹具设计,零件最终是无法满足设计图样要求的,因为零件根本就无法加工下去。

3. 零件的夹紧及工装的夹紧结构设计

零件在工装中定位后,一般要夹紧,从而使得零件在加工过程中,保持已获得的定位不被破坏。零件在加工过程中,会产生位移、变形和振动,这些都会影响零件的加工质量。所以,零件的夹紧也是保证加工精度的一个十分重要的问题。为了获得良好的加工效果,一定要把零件在加工过程中的位移、变形和振动控制在加工精度的范围内。所以,工装夹具的夹紧问题的处理,有时比定位设计更加困难,绝不能忽视这个问题。

零件在夹具中定位后的夹紧操作需遵循以下原则。

(1) 不移动原则

选择夹紧力的方向指向定位基准(第一基准),且夹紧力的大小应足以平衡其他力的影响,不使零件在加工过程中产生移动。

(2) 不变形原则

在夹紧力的作用下,不使零件在加工过程中产生精度所不允许的变形,必须选择合适的夹紧部位及压块和零件的接触形状,同时压紧力应合适。

(3) 不振动原则

提高支承和夹紧刚性,使得夹紧部位靠近零件的加工表面,避免零件和夹紧系统的振动。

这三项原则是相互制约的,因此,夹紧力设计时应综合考虑,选择最佳的加紧方案,也可用计算机辅助设计来完成。一般来讲,对粗加工用的夹具,选用较大的夹紧力,主要考虑零件的不移动原则,对精加工用的夹具,选用较小的夹紧力,主要考虑零件的不变形和不振动原则。

4. 工装夹具的经济精度及常用配合

经济精度是工装夹具制造费用低而加工精度高的合理加工精度。使用夹具的首要目的是保证零件的加工质量,具体来讲就是使用夹具加工时,必须保证零件的尺寸(形状)精度和位置精度。零件的加工误差是工艺系统误差的综合反映,其中夹具的误差是加工误差直接的主要的误差成分。夹具的误差分静态误差和动态误差两部分,其中静态误差占重要的比例。所谓夹具的精度是指夹具的静态误差,或称静态精度,过程误差则被认为是动态误差。

工装夹具的精度是静态精度,即非受力状态下的精度,具体包括以下内容:

① 定位及定位支承元件的工作表面对夹具底面的位置度(平行度、垂直度等)误差(精度)。

② 导向元件的工作表面或轴线(中心线)对夹具底面和定向中心平面或侧面的尺寸及位置误差。

③ 定位元件工作面或轴线(中心线)之间、导向元件工作表面或轴线(中心线)之间的尺寸及位置误差。

④ 定位元件及导向元件本身的尺寸误差。

⑤ 对于有分度或转位的夹具,还有分度或转位误差。

为了使夹具制造尽量达到成本低、精度高的目的,需要研究夹具制造的平均经济精度。一般来讲,零件的加工精度和加工费用成反比关系,加工精度越高,误差就越小而费用也就越高。

夹具的配合精度要求高,配合种类也不同于一般的机器。在选择配合时,精度的确定应以夹具零件制造的平均经济精度为依据,这样才能保证夹具制造成本低。

在工装夹具的设计中,经常要用到螺母、螺栓、垫圈、圆柱销、圆锥销、弹簧等紧固件。像此类紧固件,国家都有专用标准。所以在设计时一定要采用(应该在总图上标示出),做到能够用标准件的,必须100%地使用。实在用不上的,只能设计非标准的,此时对非标准零件的设计和制造,不但需要一定的周期,而且加工费用也高得多。因为,标准件适合于大批量生产制造,价格便宜,质量可靠,在五金商店很容易买到的,而且对设计人员来讲,还不需要绘图,显然减少了工作量。

5. 工装夹具图样的绘制

(1) 工装夹具总图的绘制

工装夹具总图应按照最后讨论的结果绘制(采用三基面体系法绘制),被加工零件应用双点划线标明,标题栏要填写正确,标准件应标明其规格和标准号。还要按照夹具中常用的配合及精度,规定定位、导向元件的精度,对主要零件的组合要规定恰当的尺寸公差。其他位置公差应达到各项公差值规定的合理性要求。最后标注其他尺寸,包括外形尺寸、连接尺寸和重要的配合尺寸。其精度控制,在总图上的技术条件栏,应逐条提出精度控制项目和有关要求,达到项目的完备性要求。

(2) 工装夹具零件图的绘制

工装夹具零件图的绘制,同样按照三基面体系法绘制。在零件图上,要有正确的比例,足够的投影和剖面,尺寸、粗糙度及加工符号要完整、正确;所用材料要明确;在技术要求栏,根据不同的材料确定是否表明热处理硬度要求和表面处理要求;零件图的右上角应标明未注粗糙度及倒钝的具体要求;零件加工数量要与总图一致等。要标注恰当的尺寸公差,特别是对定位尺寸的标注应与总图一致。尺寸公差和位置公差精度的标注,应符合平均经济精度规定的要求。

思考与练习

1. 收音机的工装夹具制作。
2. 根据德生 PL-380 的外形及技术要求,制作工装夹具。

项目二 电子产品的组装

通过本模块项目一的学习,我们已完成了工装夹具的设计和制作。在这个项目将根据给定的电子产品原理图和安装图,组装电子产品。

通过这个项目,将达到以下要求:

- 能读懂电子产品的安装图;
- 能熟练使用电子产品的安装工具;
- 能熟练进行手工焊接。

重点知识与关键能力要求

重点知识要求:

- 电子产品组装技术;
- 电子产品组装的基本知识;
- 整机组装的顺序和基本要求。

关键能力要求:

- 熟练使用组装工具;
- 能读懂电子产品的安装图;
- 能根据安装图完成电子产品的组装。

任务 智能小车的组装

[任务目标]

➢ 能读懂智能小车的安装图;
➢ 能熟练使用电子产品安装的工具(斜口钳、尖嘴钳、压接钳、恒温烙铁、台式电钻等);
➢ 能熟练进行手工焊接。

[任务要求]

➢ 了解智能小车的机械结构和电路设计;
➢ 根据安装图完成智能小车的组装;

➢ 完成智能小车机械部分的调试。

[任务环境]
➢ 每人一套工具和智能小车机械部分材料；
➢ 以3人为一组组成工作团队，根据工作任务进行合理分工。

[任务实施]
要求完成两个方面任务：
① 智能小车机械部分的组装；
② 智能小车机械部分的调试。

1. 智能小车机械部分的组装
根据已经完成的智能小车的机械部分和电路部分，完成智能小车的组装。

（1）检查材料

打开机械材料包（见图4.1和表4.1），检查材料是否完整。

图4.1 材料包里所有材料

表4.1 机械材料包材料表

项次	名称	规格	单位	数量	备注
1	电机固定座	5052 铝质＋电镀	个	1	已列入检定场地设备
2	电池盒固定座	SUS304HL 铁质	个	1	
3	轮子	5052 铝质＋电镀＋硬阳	个	2	
4	轮胎	40mm×5mm 橡胶	个	2	
5	铜柱	1公1母 细牙 35mm×3mm	个	4	SMB 电路板架高
6	铜柱	1公1母 细牙 10mm×3mm	个	4	MCB 电路板架高
7	圆头螺丝	3mm×6mm	个	4	固定电路板
8	圆头螺丝	3mm×15mm（塑料）	个	2	辅轮固定
9	螺帽	3mm（塑料）	个	4	辅轮固定
10	平头螺丝	3mm×6mm	个	4	固定电机
11	大圆头螺丝	3mm×8mm	个	1	电机固定座与电池座
12	止固螺丝	3mm×10mm	个	1	固定电机轴心与轮子
13	束线带	白色 8cm	条	2	
14	双面泡棉胶带	4cm×4cm 38m/m	块	1	RCB 粘贴电池盒

（2）机械部分的组装

机械部分包括电源线、电机、车轮、轮胎、电池盒固定座、铜柱，其安装分别如图4.2～图4.7所示。

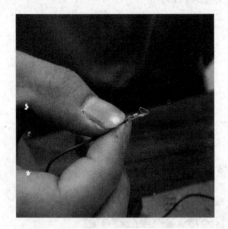

图4.2　制作电源线

图4.3　安装电机

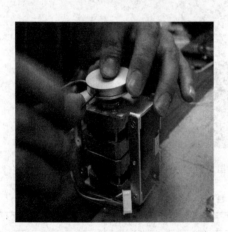

图4.4　安装车轮

图4.5　安装轮胎

图4.6　安装电池盒固定座

图4.7　安装铜柱

(3) 电路板部分的组装

安装电路板如图4.8所示,组装完成后结果如图4.9所示。

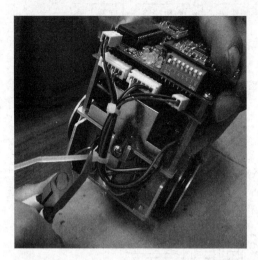

图4.8 安装电路板

图4.9 成品图

2. 智能小车机械部分的调试

车体的机械结构及传动齿轮对整个小车的灵活性起着不可忽视的作用。为了使智能小车具有较好的机动性和灵活性,本系统采用双电机分别驱动左右两轮的方式,除了分布在车体左右两侧的主动轮外,在车体的前后端各有一个支撑轮以保持小车行进中车体的平衡。这样的机械结构布局使智能小车很容易实现以自身为圆心的旋转运动。因此智能小车的重心应尽可能地低,对称性要好,这样才能够保证智能小车运动的平稳性及减小被撞翻的可能。

[任务总结]

1. 知识要求

通过任务的实施,使学生掌握电子产品组装技术和知识、熟悉组装的顺序和要求。

2. 技能要求

能熟练使用组装工具,根据电子产品的安装图,完成电子产品的组装。

3. 其他

总结学生在组装电子产品过程中存在的问题,并给予指导。

[相关知识]

4.3 电子产品整机组装

4.3.1 整机组装工艺过程

整机装配工艺过程即为整机的装接工序安排,就是以设计文件为依据,按照工艺文件的工艺规程和具体要求,把各种电子元器件、机电元件及结构件装连在印制电路板、机壳、面板等指定位置上,构成具有一定功能的完整的电子产品的过程。

整机装配工艺过程根据产品的复杂程度、产量大小等方面的不同而有所区别。但总体来看,有装配准备、部件装配、整件调试、整机检验、包装入库等几个环节,如图4.10所示。

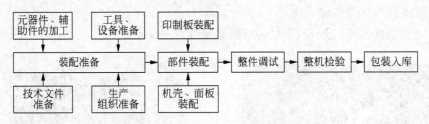

图 4.10 电子产品整机组装过程

4.3.2 整机组装的顺序和基本要求

1. 整机装配顺序与原则

按组装级别来分,整机装配按元件级、插件级、插箱板级和箱、柜级顺序进行,如图 4.11 所示。

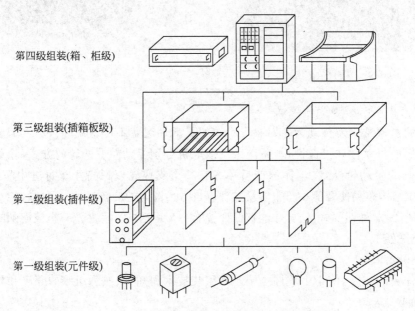

图 4.11 整机组装顺序

元件级是最低的组装级别,其特点是结构不可分割。

插件级用于组装和互连电子元器件。

插箱板级用于安装和互连的插件或印制电路板部件。

箱、柜级,主要通过电缆及连接器互连插件和插箱,并通过电源电缆送电构成独立的有一定功能的电子仪器、设备和系统。

整机装配的一般原则是:先轻后重,先小后大,先铆后装,先装后焊,先里后外,先下后上,先平后高,易碎易损坏后装,上道工序不得影响下道工序。

2. 整机装配的基本要求

① 未经检验合格的装配件(零、部、整件)不得安装,已检验合格的装配件必须保持清洁。

② 认真阅读工艺文件和设计文件,严格遵守工艺规程。装配完成后的整机应符合图样和工艺文件的要求。

③ 严格遵守装配的一般顺序,防止前后顺序颠倒,并注意前后工序的衔接。

④ 装配过程不要损伤元器件,避免碰坏机箱和元器件上的涂覆层,以免损害元器件的绝缘性能。

⑤ 熟练掌握各项操作技能,保证装配质量,严格执行三检(自检、互检和专职检验)制度。

4.3.3 整机装配的特点及方法

1. 组装特点

电子设备的组装在电气上是以印制电路板为支撑主体的电子元器件的电路连接,在结构上是以组成产品的钣金硬件和模型壳体,通过紧固件由内到外按一定顺序的安装。电子产品属于技术密集型产品,组装电子产品的主要特点是:

① 组装工作是由多种基本技术构成的。

② 装配操作质量难以分析。在多种情况下,都难以进行质量分析,如焊接质量的好坏通常以目测判断,刻度盘、旋钮等的装配质量多以手感鉴定等。

③ 进行装配工作的人员必须进行训练和挑选,不可随便上岗。

2. 组装方法

组装在生产过程中要占去大量时间,因为对于给定的应用和生产条件,必须研究几种可能的方案,并在其中选取最佳方案。目前,电子设备的组装方法从组装原理上可以分为以下几种:

① 功能法。这种方法是将电子设备的一部分放在一个完整的结构部件内,该部件能完成变换或形成信号的局部任务(某种功能)。

② 组件法。这种方法是制造出一些外形尺寸和安装尺寸上都统一的部件,这时部件的功能完整退居次要地位。

③ 功能组件法。这种方法兼顾功能法和组件法的特点,制造出既有功能完整性又有规范化的结构尺寸和组件。

4.3.4 整机组装质量的检验

整机组装完成后,按质量检查的内容进行检验。检验工作要始终坚持自检、互检和专职检验的制度。通常,整机质量的检查有以下几个方面。

1. 外观检查

装配好的整机表面无损伤、涂层无划痕、脱落,金属结构件无开焊、开裂,元器件安装牢固,导线无损伤,元器件和端子套管的代号应符合产品设计文件的规定。整机的活动部分要能活动自如,机内没有多余物(如焊料渣、零件、金属屑等)。

2. 装联正确性检查

装联正确性检查又称电路检查,目的是检查电气连接是否符合电路原理图和接线图的要求,其导电性能是否良好。通常用万用表的 R×100 欧姆挡对各检查点进行检查。批量生产时,可根据预先编制的电路检查程序表,对照电路图进行检查。

3. 出厂试验和型式试验

(1) 出厂试验

出厂试验是产品在完成装配、调试后,在出厂前按国家标准逐个试验,一般都检验一些最重要的性能指标,并且这种试验的项目都是既对产品无破坏性而又能比较迅速完成的项目。不同的产品有不同的国家标准,除上述外观检查外还有电气性能指标测试、绝缘电阻测试、绝缘强度测试、抗干扰测试等。

(2) 型式试验

型式试验对产品的考核是全面的,包括产品的性能指标,对环境条件的适应度,工作的稳定性等。国家对各种不同的产品都有严格的标准。试验项目有高低温、高湿度循环使用和存放试验、振动试验、跌落试验、运输试验等。由于型式试验对产品都有一定的破坏性,一般都是在新产品试制定型,或在设计、工艺、关键材料更改时,或客户认为有必要时进行抽样试验的。

思考与练习

1. 根据德生 PL-380 收音机的原理图和安装图,完成该收音机的组装。
2. 根据美致兰博基尼 1∶18 玩具车模型的安装图,完成该模型的组装。

项目三　电子产品的检测与调试

项目二中介绍了电子产品的整机组装,完成了智能小车的组装。在本项目中我们将根据给定的智能小车的功能和技术指标要求,上电测试小车的整体性能,并做相应的调整,纪录测试结果。

通过本项目,将达到以下要求:
- 选择电子产品整机电气性能测试项目;
- 能使用常用仪器和工具对样品检测;
- 能设计调试方案,正确填写测试数据。

重点知识与关键能力要求

重点知识要求:
- 电子产品的检测方法和步骤;
- 电子产品的调试方法和步骤;
- 电子产品的相关数据测试。

关键能力要求:
- 能根据技术指标要求,选择电子产品整机电气性能测试项目;
- 能使用常用仪器和工具对样品检测;
- 能设计调试方案,并正确填写测试数据。

任务　智能小车的组装

[任务目标]
➢ 能根据技术指标要求,选择智能小车电气性能测试项目;
➢ 能使用常用仪器和工具对智能小车检测;
➢ 能设计调试方案,正确填写智能小车测试数据;

➢ 培养安全、正确操作仪器的习惯；培养严谨的做事风格；培养协作意识。

[任务要求]

本项工作任务是在组成整机的单元功能电路板、机械结构、组装部件或分机等进行调试并达到指标要求的基础上，总装后再对组成整机的可调元件、部件进行调整并对整机各项电气性能进行检测与调试，使电子产品完全达到原设计的技术指标和要求。

[任务环境]

➢ 每人一套工具和相关测试仪器仪表；
➢ 以 3 人为一组组成工作团队，根据具体工作任务进行合理分工。

[任务实施]

电子产品的检测与调试的实施流程如下：
① 明确调试目的和要求；
② 正确选择测试仪器仪表；
③ 按照调试工艺规程对电子设备进行检测；
④ 对电子产品进行调试，排除故障；
⑤ 写出调试报告。

1. 明确调试目的和要求

本项目中调试的目的和要求为通过遥控器的 5 个按键（见图 4.12），控制智能小车以实现基本的前进、后退、左转、右转，以及加速前进、加速后退、加速左转、加速右转功能，并且通过主控板上的 LED（见图 4.13）灯显示运行方向。

图 4.12 遥控器

图 4.13 主控板上的 LED

2. 正确选择测试仪器仪表

本项目中使用的仪器仪表主要有数字示波器，如图 4.14 所示。

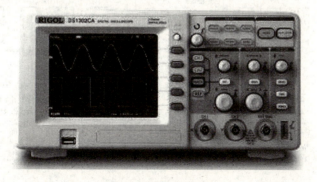

图 4.14 数字示波器

3. 按照调试工艺规程对智能小车进行检测

① 对主控板进行编组(见图 4.15),并与遥控板对码(见图 4.16)实现遥控功能。

图 4.15 编组　　　　　　　　　　　　图 4.16 对码

② 测试相关状态下的波形。

分别测试相关状态下的波形如图 4.17～图 4.24 所示。

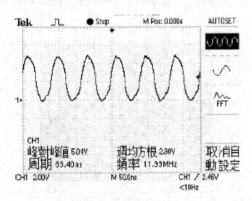 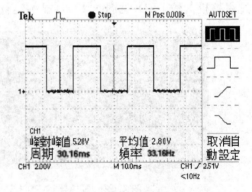

图 4.17 18 脚晶振波形　　　　　　　图 4.18 按住 Up 键时的 P1.0 信号

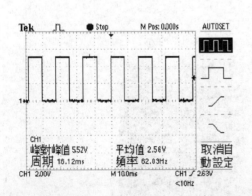 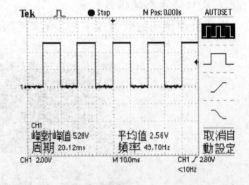

图 4.19 按住 Down 和 Turbo 键时 P1.1 波形　　图 4.20 按住 Right 和 Turbo 键时 P1.2 波形

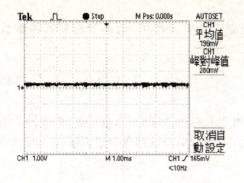
图 4.21　P3.6 引脚信号

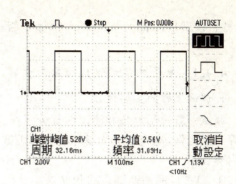
图 4.22　按住 Left 键时 P1.6 波形

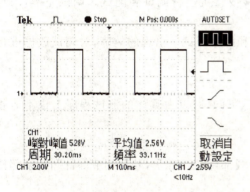
图 4.23　按住 Up 和 Left 键时 P1.7 波形

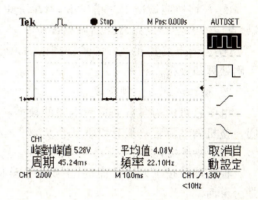
图 4.24　按住 Down 和 Right 键时 P1.5 波形

4. 对智能小车进行调试,排除故障

根据以上测试数据,对比测试标准,发现问题。调查研究是排除故障的第一步,仔细地摸清情况,并进一步对小车进行有计划的检查,并作详细记录,根据记录进行分析和判断。查出故障原因,修复损坏的元件和电路。最后,再对电路进行一次全面的调整和测定。

5. 写出调试报告

撰写调试报告,根据自身经验提出改进意见。

[任务总结]

1. 知识要求

通过任务的实施,使学生掌握电子产品检测调试的方法和步骤。

2. 技能要求

能根据电子产品的技术指标要求,选择电气性能测试项目,并能使用仪器和工具对样品检测,完成测试报告。

3. 其他

总结学生在电子产品的检测与调试过程中存在的问题,并给予指导。

[相关知识]

4.4　电子产品的检测与调试

整机调试是把所有经过调试的各个部件组装在一起进行的有关测试,它的主要目的是使电子产品完全达到原设计的技术指标和要求。由于较多调试内容已在分块调试中完成了,整机调试只需检测整机技术指标是否达到原设计要求即可,若不能达到则再做适当调整。

4.4.1 电子产品调试的内容和步骤

1. 调试工作的主要内容

调试一般包括调整和测试两部分工作。整机内有电感线圈磁芯、电位器、微调可变电容器等可调元件,也有与电气指标有关的机械传动部分、调谐系统部分等可调部件。调试的主要内容如下:

① 熟悉产品的调试目的和要求。

② 正确合理地选择和使用测试所需要的仪器仪表。

③ 严格按照调试工艺指导卡,对单元电路板或整机进行调试和测试。调试完毕,用封蜡、点漆的方法固定元器件的调整部位。

④ 运用电路和元器件的基础理论知识分析和排除调试中出现的故障,对调试数据进行正确处理和分析。

2. 整机调试的一般步骤

电子整机因为各自的单元电路的种类和数量不同,所以在具体的测试程序上也不尽相同。整机调试流程一般有以下几个步骤。

(1) 外观检查

检查项目按工艺文件而定,主要检查整机外观部件是否齐全,外部调节部件和活动部件是否灵活。

(2) 结构调试

主要检查整机内部连线的分布是否合理、整齐,内部传动部件是否灵活、可靠,各单元电路板或其他部件与机座是否紧固,以及它们之间的连接线、接插件有没有漏插、错插、插紧等。

(3) 通电检查

通电前应先检查电源极性是否接对,输出电压数值是否合适,一般先将电源输出电压调至最小,开机后再慢慢调至要求值;通电后,应观察被测试件有无打火、放电、冒烟或异味;电源及其他仪表指示是否正常。

(4) 电源调式

电源空载粗调;电源加载细调。

(5) 整机统调

调试好的单元部件装配成整机之后,其性能参数会受到一些影响,因此装配好整机后应对其单元部件再进行必要的调试。

(6) 整机技术指标测试

按照整机技术指标要求及相应的测试方法,对已调整好的整机进行技术指标测试,判断它是否达到质量要求的技术水平。

(7) 老化

电子产品在加工过程中,由于经历了复杂的加工和元器件物料的大量使用,将引入各种缺陷。无论是加工缺陷还是元器件缺陷,都可分为明显缺陷和潜在缺陷。明显缺陷可通过常规检验手段加以发现。潜在缺陷则无法用常规检验手段发现,而是运用老化的方法来剔除。半导体器件故障率曲线如图4.25所示。半导体器件早期的故障率较高,老化的目的是

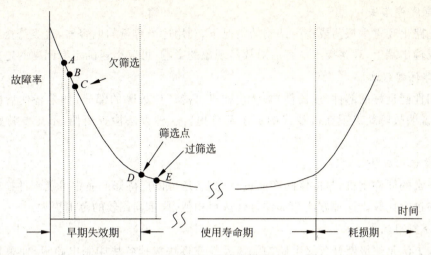

图 4.25 故障率曲线

剔除早期失效的器件。老化还有一个更重要的目的（和测试一样），即通过老化使产品加工工艺不断改进，使元器件品质不断改进，改进到不需要老化为止。

4.4.2 电子产品调试的方法

总的来说电子设备的故障不外乎是由于元器件、线路和装配工艺三方面的因素引起的。具体的排除故障的方法归纳为以下 12 种。对于某一产品的调试检测而言，要根据需要灵活选择、组合使用这些方法。

1. 不通电观察法

在不接通电源的情况下，打开产品外壳进行观察。用直观的办法和使用万用表电阻挡检查有无断线、脱焊、短路、接触不良，检查绝缘情况、保险丝通断、变压器好坏、元器件情况等。查找故障，一般应该首先采用不通电观察法。

2. 通电观察法

接通电源进行表面现象观察。通过观察，有时可以直接找出故障的原因。例如，是否有冒烟、烧焦、跳火、发热的现象。如遇这些情况，必须立即切断电源并分析原因，再确定检修部位。

3. 信号替代法

利用不同的信号加入待修产品的有关单元的输入端，替代整机工作时该级的正常输入信号，以判断各通信电路的工作情况是否正常，从而可以迅速确定产生故障的原因和所在单元。检测的次序是从产品的输出端单元电路开始，逐步移向最前面的单元。

4. 信号寻迹法

用单一频率的信号源加在整机的输入单元入口，然后使用示波器或万用表等测试仪器，从前向后逐步观测各电路的输出电压波形和幅度。

5. 波形观察法

用示波器检查整机各级电路的输入和输出波形是否正常。它是检修波形变换电路、振荡器、脉冲电路的常用方法。这种方法对于发现寄生振荡、寄生调制或外界干扰及噪声等引起的故障，具有独到之处。

6. 电容旁路法

在电路出现寄生振荡或寄生调制的情况下,利用适当容量的电容器,逐级跨接在电路的输入端或输出端上,观察接入电容后对故障现象的影响,可以迅速确定有问题的电路部分。

7. 部件替代法

利用性能良好的部件(或器件)来替代整机可能产生故障的部分,如果替代后整机工作正常了,说明故障就出现在被替代的那个部分里。这种方法检查简便,不需要特殊的测试仪器。

8. 整机比较法

用正常的同样整机,与待修的产品进行比较,还可以把待修产品中可疑部件换插到正常的产品中进行比较。这种方法与部件替代法很相似,只是其比较的范围更大。

9. 分割测试法

这种方法是逐级断开各级电路的隔离元件或逐块拔掉各块印制电路板,使整机分割成多个相对独立的单元电路,测试其对故障现象的影响。例如,从电源电路上切断它的负载并通电观察,然后逐级接通各级电路测试,这是判断电源本身故障还是某级负载电路故障的常用方法。

10. 测量直流工作点法

根据电路原理图,测量各点的直流工作电位并判断电路的工作状态是否正常,它是检修电子产品的基本方法。

11. 测试电路元件法

把可能引起电路故障的元器件从整机上拆下来,使用测试设备(如万用表、晶体管特性图示仪、集成电路测试仪、万用电桥等)对其性能进行测量。

12. 变动可调元件法

在检修电子产品中,如果电路中有可调元件,适当调整它们的参数以观测对故障现象的影响。

4.5 数字示波器的简易教程

北京 RIGOL 普源精电 DS1000CA 系列为双通道加一个外部触发输入通道的数字示波器。其高达 2000wfms/s 的波形捕获率和强大的触发功能可以精确捕获瞬息变化的信号。清晰的液晶显示和数学运算功能,便于用户更快更清晰地观察和分析信号。

1. 产品特性

① 提供 2 个模拟通道,最高 300MHz 带宽,2GSa/s 实时采样率及 50GSa/s 等效采样率。

② 具有 5.7 英寸 QVGA(320mm×240mm),64K 色 TFT 彩色液晶显示屏。

③ 高达 2000wfms/s 波形捕获率。

④ 具有边沿、脉宽、斜率、视频、交替等触发功能。

⑤ 丰富的接口配置。标配 USB Host,USB Device,RS-232,P/F Out,选配 USB-GPIB 软件功能有 UltraScope 软件可以使 RIGOL(RIGOL Technologies, Inc.)公司的 DS1000CA 系列示波器通过 USB 或 RS-232 接口与 PC 进行连接,支持的操作系统包括

Windows 95，Windows98，Windows2000，Windows NT 和 Windows XP。

UltraScope 软件提供的控制和分析功能如下：
- 通过数据浏览器显示捕获的波形、数据和测量值；
- 通过 DSO 控制器进行本地或远程的操作；
- 以"BMP"位图格式保存波形；
- 波形可以录制回放；
- 将数据保存为"TXT"或"EXCEL"文件，以便于分析。

2．使用简易教程

① 按下 CH1，可以在显示屏上看到 CH1 下有耦合、直流、带宽限制、关闭、探头等选项，如图 4.26 所示。

② 选择耦合直流对应的按键，选择耦合直流，如图 4.27 所示。

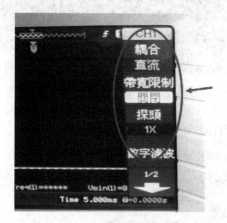
图 4.26　按下 CH1

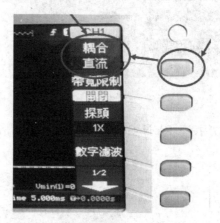
图 4.27　选择耦合直流

③ 按下 MENU 下的 Measure 按钮，可以在显示屏上看到 Measure 下有电压测量和时间测量选项，如图 4.28 所示。

④ 选择电压测量边上的按键，出现测量类型菜单，通过旋钮，选择峰峰值，如图 4.29 所示。

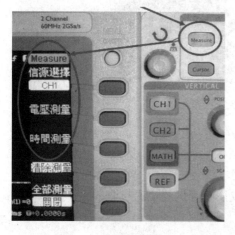
图 4.28　按下 Measure

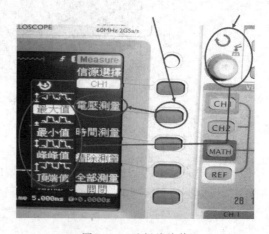
图 4.29　选择峰峰值

⑤ 按下时间测量边上的按键,出现测量类型菜单,通过旋钮,选择频率,如图 4.30 所示。

⑥ 在屏幕下方会显示振幅、频率、电压/格和时间/格,如图 4.31 所示。

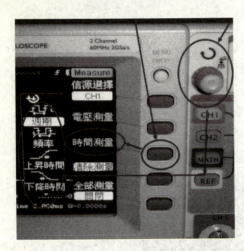

图 4.30 选择频率

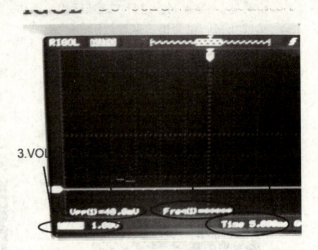

图 4.31 屏幕显示内容说明

⑦ 按下 RUN/STOP,即可实现测量信号或停止测量,如图 4.32 所示。

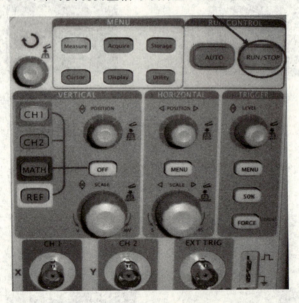

图 4.32 启动或停止测量

思考与练习

1. 根据美致兰博基尼 1∶18 玩具车模型的测试项目,完成该模型的检测与调试。
2. 根据德生 PL-380 收音机的测试项目,完成该收音机的检测与调试。

模块五

电子产品技术文件的编制

电子产品技术文件是电子产品设计、试制、生产、使用和维修的基本理论依据。通过这一模块的学习,使读者熟悉电子产品技术文件分类和具体内容,具有编制与管理技术文件的能力。

项目一 电子产品设计文件的编制

通过前面几个项目的学习,我们已完成了智能小车图纸的设计、程序的编写、组装与调试,实现了智能小车的各项功能,熟悉了电子产品设计开发的一般步骤。在这个项目中我们将按照电子产品设计文件的要求,对前面几个项目产生的图纸、文件等进行编制。

通过这个模块,将达到以下要求:
- 掌握电子产品设计文件分类和具体内容;
- 具有编写整理设计文件的能力;
- 能根据产品的复杂程度、生产批量,在满足组织生产和使用要求的前提下编制所有的设计文件。

重点知识与关键能力要求

重点知识要求:
- 电子产品整机技术文件;
- 电子产品设计文件的分类;
- 电子产品设计文件编制的基本要求;
- 设计文件成套性、格式、识读。

关键能力要求:
- 掌握电子产品设计文件的格式;
- 掌握整理、编制设计文件的方法;
- 用计算机管理设计文件。

任务　智能小车设计文件的编制

[任务目标]
- 能整理、编制电子产品设计文件；
- 能用计算机管理电子产品设计文件；
- 熟悉与职业相关的安全法规、道德规范和法律知识。

[任务要求]
- 整理电子产品电路原理图、装配图；
- 绘制电子产品接线图，填写元器件清单；
- 编写功能说明书、明细表和功能表；
- 设计文件归档。

[任务环境]
- 每人一台计算机，预装 Protel99SE、Office、单片机编译软件；
- 以3人为一组组成工作团队，根据工作任务进行合理分工。

[任务实施]
要求完成5个方面任务：
① 整理、编制设计文件封面和目录；
② 整理、编制原理图、PCB图及设计说明；
③ 整理、编制元器件明细表；
④ 整理、编制装配图和接线图；
⑤ 整理、编制产品功能及使用说明。

1. 管理编制设计文件封面和目录

① 根据附录 A 提供的电子产品的设计文件的封面格式，按照设计文件的要求，填写设计文件的封面，主要内容有文件类别、文件名称、产品名称、产品图号、本册内容、标题栏和登记栏。

② 根据附录 A 提供的电子产品的设计文件的目录格式，填写设计文件目录，内容包括封面、目录、零件图、原理图、装配图、接线图、机械原理图、元件明细表、技术说明书、使用说明书等。

2. 整理、编制原理图、PCB图及设计说明

① 根据附录 A 提供的电子产品的设计文件的原理图的格式，整理、编制智能遥控小车控制电路原理图及设计说明，内容包括智能遥控小车控制电路原理图及设计说明、驱动电路原理图及设计说明和遥控电路原理图及设计说明。

② 根据附录 A 提供的电子产品的设计文件 PCB 图的格式，整理、编制智能遥控小车控制电路 PCB 图及设计说明，内容包括智能遥控小车控制 PCB 图及设计说明、驱动电路 PCB 图及设计说明和遥控电路 PCB 图及设计说明。

3. 整理、编制元器件明细表

根据附录 A 提供的电子产品的设计文件的元器件明细表格式，整理、编制智能遥控小车元器件明细表，内容包括智能遥控小车控制电路元器件明细表；驱动电路元器件明细表

和遥控电路元器件明细表。

4. 整理、编制装配图和接线图

① 根据附录 A 提供的电子产品设计文件的装配图要求,整理、编制智能遥控小车的装配图,内容包括智能遥控小车控制电路 PCB 装配图;驱动电路 PCB 装配图和遥控电路 PCB 装配图。

② 根据附录 A 提供的电子产品设计文件的接线图要求,整理、编制智能遥控小车的接线图,内容包括智能遥控小车控制电路、驱动电路和遥控电路之间的接线图。

5. 整理、编制产品功能及使用说明

① 根据附录 A 提供的电子产品设计文件的要求,整理、编制智能遥控小车的产品功能说明书。

② 根据附录 A 提供的电子产品设计文件的要求,整理、编制智能遥控小车的产品使用说明书。

[任务总结]

1. 知识要求

通过任务的实施,使学生掌握电子产品设计文件的分类、内容及要求。设计文件规定了产品的组成形式、结构尺寸、原理等技术数据和说明是制定工艺文件、组织生产和产品使用维修的依据。

2. 技能要求

能根据设计文件的标准,按照产品的具体结构及生产批量的要求,保证组织生产和使用要求的前提下编制所有的设计文件。

3. 其他

总结学生在编制和整理设计文件中存在的问题,并给予指导。

[相关知识]

5.1 电子产品整机技术文件介绍

电子技术正处于高速发展的时代,电子设备已广泛地应用于人类生活的各个领域。随着电子设备的使用范围越来越广,对电子设备的结构、性能和质量提出了更高的要求,而这一切取决于电子设备的生产过程。电子设备的生产与发展和电子装配工艺密切相关,因为任何电子设备,从原材料的进厂到成品出厂,要经过千百道工序的生产过程。而在生产过程中,大量的工作是由具有一定技能的工人去操作一定的设备,按照特定的工艺规程和方法来完成的。

电子整机装配工艺常用技术文件来描述。技术文件是产品在研究、设计、试制与生产实践中积累而形成的一种技术资料,也是产品生产和使用、维修的基本依据。技术文件分为设计文件、工艺文件和研究试验文件等,它们是整机产品生产过程的理论依据。

5.1.1 技术文件的应用领域

电子设备技术文件按工作性质和要求不同,形成了专业制造和普通应用两类不同的应用领域。

① 专业制造是指专门从事电子设备规模生产的领域,其技术文件具有生产的法律效

力，必须执行统一的标准，实行严格的管理。生产部门必须完全按图样进行工作，技术部门必须分工明确，各司其职。一张图样一旦通过审核签署，便不能随便更改，即使发现错误，操作者也不能擅自改动。技术文件的完备性、权威性和一致性由此得以体现。

②普通应用则是一个极为广泛的领域，它泛指除专业制造以外所有应用电子技术的领域（如学生电子实验设计、业余电子科技活动、小制作等），其技术文件始终是一个不断完善的过程，且对技术文件的管理具有很大随意性，文件的编号、图样的格式也很难正规和统一。由此可看出其技术文件的严肃性和权威性大打折扣。显而易见，普通应用领域的技术文件与专业制造领域的技术文件的差别是很大的。

5.1.2 技术文件的特点

1. 标准化

标准化是电子设备技术文件的基本要求。电子设备技术文件要求全面、严格执行国家标准或企业标准。企业标准是国家标准的补充和延伸，不能与国家标准相左，或低于国家标准要求。

产品技术文件要求全面、严格地执行国家标准，要用规范的"工程语言（包括各种图形、符号、记号、表达形式等）"描述电子产品的设计内容和设计思想，指导生产过程。电子产品文件标准是依据国家有关的标准制定的，如电气制图应符合国家标准 GB/T 6988.1—2008《电气制图》的有关规定，电气图形符号标准应符合国家标准 GB 4728—1983 和 GB 4728—1984《电气图用图形符号》的有关规定，电气设备用图形符号应符合国家标准 GB 5465.X—1985 的有关规定等。

电子设备技术文件标准化应具有完整性、正确性和一致性。完整性是指技术文件的成套性和签署完整性，即技术文件必须完备且符合有关标准化规定，签署齐全。正确性是指技术文件的编制方法正确、符合有关标准，贯彻实施标准内容正确、准确。一致性是指在同一个项目中，所有生产的技术文件的填写方法、引证方法均一致，设备的所有技术文件与产品实物和产品生产实际一致。

2. 格式严谨

按照国家标准，工程技术图具有严谨的格式，包括图样编号、图幅、图栏、图幅分区等，其中图幅、图栏等采用与机械图兼容的格式，便于技术文件存档和成册。

3. 管理严格

电子设备技术文件是由企业技术管理部门进行管理的，涉及文件的审核、签署、更改、保密等方面，这一切都需要按技术管理标准来操作。例如，经生产定型或大批量生产产品的技术文件，要有设计、复核、工艺、标准化技术负责人、制图人员的签字；要经技术管理部门批准才能生效。底图必须归档，由企业技术档案部门统一管理。对归档的技术文件的更改应填写更改通知单，在执行更改会签、审核和批准手续后再交档案部门并由专人负责更改。技术档案部门应将更改通知单和已更改好的技术文件图通知有关部门，并更换下发的图样。更改通知单应包括涉及更改的内容，对于临时性的更改也应办理临时更改通知单，并注明更改所适用的批次或期限。生产部门使用的图样应是复制图纸，操作人员只有在熟悉操作要点和要求后才能进行操作。发现技术文件中存在的问题后，应及时反映，不要自作主张、随意改动；要保持技术文件的清洁，不要在图样上乱写乱画，以防出错；要遵守工作纪律和各项规章制度,注意安全文明生产,确保技术文件的正确实施。

5.2 电子产品设计文件

5.2.1 设计文件的分类

设计文件是产品在研制和生产过程中,逐步形成的文字、图样及技术资料。它规定了产品的组成形式、结构尺寸、原理及在制造、验收、使用和维修时所必需的技术数据和说明,是制定工艺文件、组织生产和产品使用维修的依据。

1. 按表达的内容分类

设计文件按表达的内容可分为图样、简图以及文字和表格。

① 图样:以投影关系绘制而成的,用于说明产品加工和装配的要求。

② 简图:以图形符号为主绘制而成的,用于说明产品的电气装配连接、各种原理和其他示意性内容。

③ 文字和表格:以文字和表格的方式说明产品的技术要求和组成情况。

2. 按形成的过程分类

设计文件按形成的过程可分为以下几种文件。

① 试制文件,是指设计性试制过程中所编制的各种设计文件。试制阶段是通过对新设计产品的实践获得正确认识的过程,也是正确设计的图样逐步形成的过程。试制阶段的设计文件,一般可能需经过几次修改才能完成。因此,试制文件只要能说明问题,满足加工和装配的要求即可,它一般以草图为主。在试制过程中应注意积累资料,记录成果,采用现场设计、现场改图的办法,使之逐步完善。待试制完成后,再总结整理绘制正式图样。

② 生产文件,是指设计性试制完成后,经整理修改,为进行生产(包括生产性试制)所用的设计文件。

3. 按绘制过程和使用特征分类

设计文件按绘制过程和使用特征可分为草图、原图、底图等。

① 草图,是设计产品时所绘制的原始图样,是供生产和设计部门使用的一种临时性的设计文件。草图可用徒手方式绘制。

② 原图,是供描绘底图用的设计文件。

③ 底图,是作为确定产品及其组成部分的基本凭证图样。底图又可分为以下两种。

- 基本底图,即原底图,是经各有关人员签署而制定的。
- 副底图,是基本底图的副本,供印制复印图时使用。

④ 复印图,是用底图以晒制、照相或能保证与底图完全相同的其他方法所复制的图样,分为晒制复印图(蓝图)、照相复印图、印制复印图。

⑤ 载有程序的媒体,是载有完整独立功能程序的媒体,如计算机用的磁盘、光盘等。

5.2.2 设计文件编制的基本要求

编制设计文件时,其内容和组成应根据产品的复杂程度、继承性、生产批量、组成生产的方式,以及是试制还是生产等特点区别对待。应在满足组织生产和使用要求的前提下编制所需的设计文件。编制设计文件的基本要求如下。

① 编制设计文件时必须执行国家和电子工业有关的法律、法规、规章和方针政策,以及

企业中有关的标准化规定。设计文件中不得存在违法、违规现象。

② 设计文件应遵守"一物一图一号"的原则(在简化编制的设计文件如表格图中,允许用一图表示多物,但必须多号)。

③ 在满足产品试制或生产要求及使用和维修要求的前提下,应按照少而精的原则编制设计文件。例如,简单的接线关系或简单的电路原理图可直接绘入装配图,不必独立绘制接线图或电路图。简单的线缆连接关系可直接绘入总布置图,不必独立绘制线缆连接图。

④ 在保证图面布局清晰、紧凑和使用方便的前提下,应在有关标准规定的幅面范围内选用图纸。

⑤ 设计文件应完整、成套,设计文件之间应协调一致,不应存在矛盾、抵触现象。

⑥ 文字表述应准确、简明、操作性强,应避免产生不同理解。

⑦ 设计文件中的术语、符号、代号、计量单位、数值表述、图线、字体、比例、箭头和指引线、投影、简化汉字、标点符号等,均应符合有关法规和标准的规定;设计文件中的图形、表格、数值、公式、化学分子式和其他技术内容均应正确无误。

5.2.3 设计文件的成套性

1. 设计文件的编号

为便于开展产品标准化工作,对设计文件必须进行分类编号。电子产品设计文件编号(也称"图号")采用的是十进制数分类编号方法。十进制数分类编号方法就是把全部产品的设计文件按其产品的种类、功能、用途、结构、材料、制造工艺等技术特征,分为10级(0~9),每级又分为10类(0~9),每类又分为10型(0~9),每型又分为10种(0~9)。采用该方法编号的好处是从编号上便可知道设计文件是哪一级产品的文件了。

下面以电视接收机明细表为例,说明产品设计文件编号的组成,如图5.1所示。

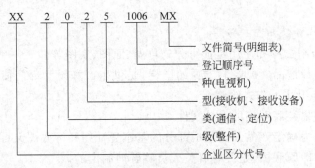

图5.1 电视接收机文件编号

① 企业区分代号,由大写的汉语拼音字母组成,用于区别编制设计文件的单位。企业区分代号由企业上级主管部门给定。

② 十进制数分类标记(简称"分类标记"),由4位阿拉伯数字组成,分别表示设计文件的级、类、型、种。级的名称规定如下。

- 0级:通用文件。
- 1级:由若干单独整件相互连接而共同构成的成套产品(这些单独整件的连接一般在制造企业中不需要经过装配或安装),以及其他较简单的成套设备。
- 2、3、4级:由材料、零件、部件等经装配连接所组成的具有独立结构或独立用途的产品,如收音机、电压表、电容器和变压器及其他较简单的整件。
- 5、6级:由材料、零件等组成的可拆卸或不可拆卸的产品,它是在装配较复杂的产品时必须组成的中间装配产品,其部件也可包括其他较简单的零件和整件。
- 7、8级:不采用装配工序而制成的产品。
- 9级:暂时不用,待以后需要补充时使用。

电子设备设计文件的成套性要求如表5.1所示。

③ 登记顺序号(简称"序号"),由连续的3位或4位阿拉伯数字组成,用于区别分类标记相同的若干不同产品设计文件。对于分类标记相同的同一系列的产品,也可采用一个序号,并在序号右边的"—"后面加阿拉伯数字予以区分。

④ 文件简号(简称"简号"),由大写的汉语拼音字母组成,用以表示同一产品的不同种类的设计文件。设计文件的简号应符合有关规定。

2. 产品设计文件的成套性

产品设计文件的成套性是指以产品为单位,根据需要所编制的设计文件的总和。产品设计完成后,设计文件必须成套。电子设备设计文件的成套性要求如表5-1所示。

表 5.1 电子设备设计文件的成套性要求

序号	文件	文件简号	产品		产品的组成部分		
			元器件	零件	整件	部件	零件
			2、3、4级	7、8级	2、3、4级	5、6级	7、8级
1	产品标准	…	●	●			
2	零件图	…		●			●
3	装配图(或芯片图)	…	●		●	●	
4	外形图	WX	○				
5	逻辑图	LJL	○				
6	电路原理图	DL	○		○		
7	接线图	JL	○		○	○	
8	其他图	T	○		○	○	
9	技术条件	JT			○	○	○
10	使用说明书	SS	○		●		
11	说明	S	○	○	○	○	
12	表格	B	○	○	○		
13	明细表	MX	●		●		
14	其他文件	W	○	○	○	○	

注:表中"●"表示必须编制的文件;"○"表示这些设计文件的编制应根据产品的性质、生产和需要而定。

5.2.4 设计文件的格式

在国家有关标准中具体规定了各种设计文件的格式,共有格式(1)、格式(2)、格式(3)、格式(3a)、格式(4)、格式(4a)等15种。不同的文件应采用不同的格式。具体规定如表5.2所示。

表 5.2 设计文件的格式

序号	文 件	文件简号	格 式 主页	格 式 续页
1	产品标准	—	格式按 GB.2-81 规定	
2	零件图	—	格式(1)	与主页相同
3	装配图	—	格式(2)	与主页相同
4	外形图	WX	格式(1)	与主页相同
5	安装图	AZ	格式(2)	与主页相同
6	总布置图	BL	格式(3)	格式(3a)
7	频率搬移图	PL	格式(3)	格式(3a)
8	方框图	PL	格式(3)	格式(3a)
9	信息处理流程图	XL	格式(3)	格式(3a)
10	逻辑图	LJL	格式(3)	格式(3a)
11	电路原理图	DL	格式(3)	格式(3a)
12	线缆连接图	JL	格式(3)	格式(3a)
13	接线图	YL	格式(3)	格式(3a)
14	机械原理图	CL	格式(3)	格式(3a)
15	机械传动图	T	格式(3)	格式(3a)
16	其他图	JT	根据图种确定	
17	技术条件	JS	格式(4)	格式(4a)
18	技术说明书	SJ	格式(4)	格式(4a)
19	使用说明书	SS	格式(4)	格式(4a)
20	说明	S	格式(4)	格式(4a)
21	表格	B	格式(4)	格式(4a)
22	整件明细表	MX	格式(5)	格式(5a)
23	整套设备明细表	MX	格式(6)	格式(6a)
24	整件汇总表	ZH	格式(5)	格式(5a)
25	备附件及工具汇总表	BH	格式(7)	格式(7a)
26	成套运用文件清单	YQ	格式(8)	格式(8a)
27	其他文件	W	格式(4)	格式(4a)
28	副封面	—	格式(9)	

5.2.5 设计文件的填写方法

每张设计文件上都必须有主标题栏和登记栏,零件图还应有涂覆栏,装配图、安装图和接线图还应有明细栏。设计文件的格式举例如图 5.2 所示。

1. 主标题栏

主标题栏放在每张图样的右下角,用来记载图名(产品名称)、图号、材料、比例、重量、张数、图的作者和有关职能人员的署名及署名时间等。图 5.3 所示为主标题栏具体的尺寸格式。

主标题栏的填写说明如下。

第①栏内填写产品或其组成部分(零件、部件、整件)的名称;

第②栏内填写设计文件的编号和图号;

第③栏内填写规定使用的材料名称和牌号;

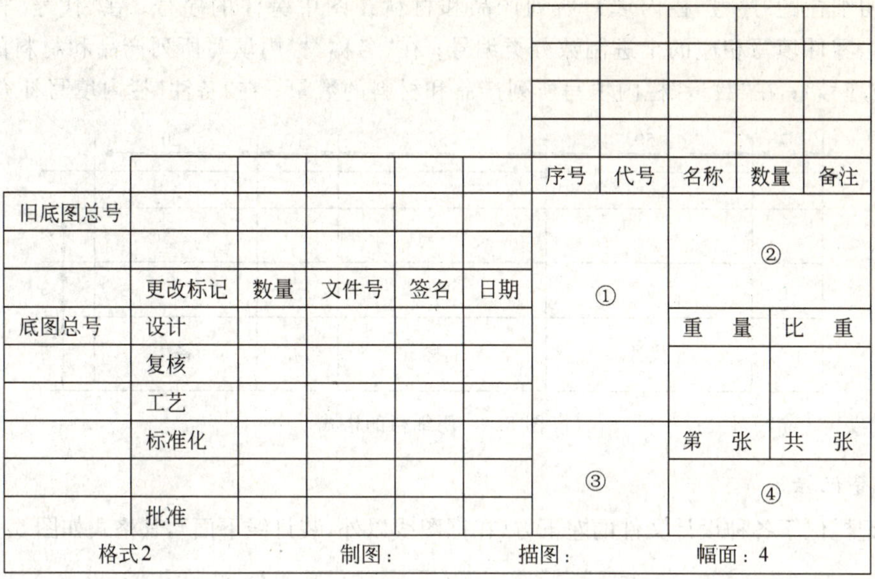

图 5.2 设计文件格式

第④栏为空白栏；在"第张"栏内填写同一图号文件张数的顺序号；

在"共张"栏内填写同一图号文件的总张数；在"重量"栏内填写产品的净重及重量单位代号；在"比例"栏内填写基本视图的比例；"设计"、"审核"、"工艺"、"标准化"、"批准"等各栏分别为有关职能人员签字和签署日期用；更改表的"更改标记"、"数量"、"文件号"、"签名"和"日期"各栏，可供记录更改事项用。

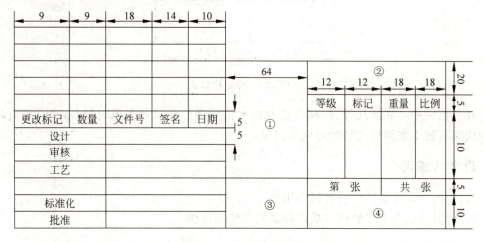

图 5.3 主标题栏格式

2. 明细栏

明细栏位于主标题栏的上方，仅用于填写直接组成该产品的整件、部件、零件、外购件和材料，也即在图中有旁注序号的产品和材料。明细栏应按装入所述装配图中的整件、部件、零件、外购件和材料的顺序，按照十进制数分类编号由小到大的顺序自下而上填写。当位置不够时，可再向上延续，其格式如图 5.4 所示。

在明细栏的"序号"栏内填写所列产品和材料在图中旁注的序号；在"代号"栏内对整件、部件、零件填写相应的十进制数分类编号；在"名称"栏内填写所列产品和材料的名称和型号（或牌号）；在"数量"栏内填写所列产品和材料的数量；在"备注"栏内填写补充说明。

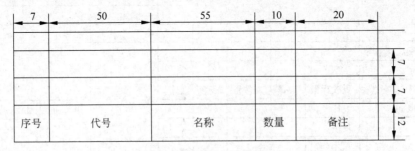

图5.4　明细栏的格式

3. 登记栏

登记栏位于各种设计文件的左下方（在框图线以外，装订线下面），其格式如图5.5所示。

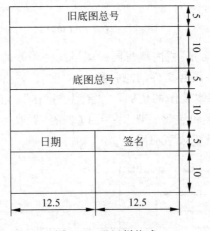

图5.5　登记栏格式

在登记栏中，"底图总号"栏应由企业技术档案部门在接收底图时填写；"旧底图总号"栏内应填写被本底图所代替的旧底图总号。

思考与练习

1. 什么是设计文件？它有何作用？
2. 请编写家用全自动洗衣机产品功能及使用说明。

项目二　电子产品工艺文件的编制

在项目一中我们学习了电子产品技术文件编制的相关知识，完成了智能小车设计文件的编制，熟悉了电子产品设计文件的编制方法。在这个项目中我们将按照电子产品工艺文件的要求，进行智能小车工艺文件的编制，将达到以下要求：

• 掌握电子产品工艺文件分类和具体内容；

- 具有编写整理工艺文件的能力;
- 能根据产品的复杂程度、生产批量,在满足组织生产和使用要求的前提下编制所有的工艺文件。

重点知识与关键能力要求

重点知识要求:
- 电子产品整机工艺文件;
- 电子产品工艺文件的分类;
- 电子产品工艺文件编制的基本要求;
- 工艺文件成套性、格式、识读。

关键能力要求:
- 掌握电子产品工艺文件的格式;
- 掌握整理、编制工艺文件的方法;
- 用计算机管理工艺文件。

任务　智能小车工艺文件的编制

[任务目标]
➤ 能整理、编制电子产品工艺文件;
➤ 能用计算机管理电子产品工艺文件;
➤ 熟悉与职业相关的安全法规、道德规范和法律知识。

[任务要求]
➤ 整理电子产品 PCB 装配图、元器件汇总表;
➤ 编写电子产品线缆连接图、工艺流程图;
➤ 编写与整理功能仪器仪表明细表、产品调试记录;
➤ 工艺文件归档。

[任务环境]
➤ 每人一台计算机,预装 Protel99SE、Office、单片机编译软件;
➤ 以 3 人为一组组成工作团队,根据工作任务进行合理分工。

[任务实施]
要求完成 7 个方面任务。
① 整理、编制工艺文件封面和目录;
② 整理、编制工艺流程图;
③ 整理、编制元器件汇总表;
④ 整理、编制 PCB 装配图;
⑤ 整理、编制线缆连接图和表;
⑥ 整理、编制仪器仪表明细表;
⑦ 整理、编制产品调试记录。

1. 管理编制工艺文件封面和目录
① 根据附录 B 提供的电子产品的工艺文件的封面格式,按照工艺文件的要求,填写工艺文

件的封面,主要内容有文件类别、文件名称、产品名称、产品图号、本册内容、标题栏和登记栏。

② 根据附录 B 提供的电子产品的工艺文件的目录格式,填写工艺文件目录,内容包括封面、目录、工艺流程图、元器件汇总表、PCB 装配图、线缆连接图和表、仪器仪表明细表、产品调试记录等。

2. 整理、编制工艺流程图

根据附录 B 提供的电子产品的工艺文件的格式,整理、编制智能遥控小车工艺流程图。

3. 整理、编制元器件汇总表

根据附录 B 提供的电子产品的工艺文件的元器件汇总表格式,整理、编制智能遥控小车元器件汇总表,内容包括元器件类型、元器件参数、数量等。

4. 整理、编制 PCB 装配图

根据附录 B 提供的电子产品工艺文件的 PCB 装配图要求,整理、编制智能遥控小车的装配图,内容包括智能遥控小车控制电路 PCB 装配图;驱动电路 PCB 装配图和遥控电路 PCB 装配图。

5. 整理、编制线缆连接图和表

根据附录 B 提供的电子产品工艺文件的线缆连接图和表的要求,整理、编制智能遥控小车的线缆连接图和表,内容包括智能遥控小车控制电路、驱动电路和遥控电路之间的线缆接线图。

6. 整理、编制仪器仪表明细表

根据附录 B 提供的电子产品工艺文件的要求,整理、编制智能遥控小车的仪器仪表明细表,内容包括智能遥控小车调试所需的仪器仪表的型号、名称、数量等。

7. 整理、编制产品调试记录

根据附录 B 提供的电子产品工艺文件对产品调试记录的要求,整理、编制智能遥控小车的产品调试记录,内容包括智能遥控小车控制电路、驱动电路和遥控电路调试记录等。

[任务总结]

1. 知识要求

通过任务的实施,使学生掌握电子产品工艺文件的分类和具体内容,熟悉电子产品工艺文件与设计两者之间的关系。

2. 技能要求

能根据工艺文件的标准,按照产品设计文件的要求,编写和整理工艺文件。

3. 其他

总结学生在编制和整理工艺文件中存在的问题,并给予指导。

[相关知识]

5.3 电子产品工艺文件

5.3.1 工艺文件的分类和作用

1. 工艺文件的分类

工艺文件是企业组织生产、指导工人操作和用于生产、工艺管理等的各种技术文件的总称,它是产品加工、装配、检验的技术依据,也是企业组织生产、产品经济核算、质量控制和工人加工产品的主要依据。工艺文件与设计文件同是指导生产的文件,两者是从不同的角度提出要求的。

设计文件是原始文件,是生产的依据,而工艺文件是根据设计文件提出的加工方法,用以实现设计图样上的要求,并以工艺规程和整机工艺文件图样指导生产,以确保任务的顺利完成。工艺文件通常分为工艺管理文件和工艺规程两大类。

(1) 工艺管理文件

工艺管理文件是指企业科学地组织生产和控制工艺的技术文件。不同企业的工艺管理文件不尽相同。常见的工艺管理文件有工艺文件目录、工艺路线表、材料消耗工艺定额明细表、专用及标准工艺装备表和配套明细表等。

(2) 工艺规程

工艺规程是指在企业生产中,规定产品或零部件制造工艺过程和操作方法等的工艺文件。它是生产出合格产品并保持质量稳定、成本低廉所必需的工艺文件。工艺规程按其性质和加工专业可分为以下五类。

① 专用工艺规程,是指针对某一个产品或零部件所设计的工艺规程。

② 专业工艺规程,是指按工艺专业技术划分的任何具有相同加工要求的产品(零部件或整机)都适用的工艺规程。

③ 成组工艺规程,将多种产品、整件、部件和零件,按一定相似性准则分类、编组,以这些组为基础,组织生产各个环节进行加工的方法为成组工艺,以此编制的工艺规程为成组工艺规程。

④ 典型工艺规程,指采用典型工艺编制的工艺规程。

⑤ 标准工艺规程,指已纳入标准系列的工艺规程。

2. 工艺文件的作用

① 为生产准备提供必要的资料。例如,为原材料、外购件提供供应计划,为能源准备及工装、设备的配备等提供第一手资料。

② 为生产部门提供工艺方法和流程,确保经济、高效地生产出合格产品。

③ 为质量控制部门提供保证产品质量的检测方法和计量检测仪器及设备。

④ 为企业操作人员的培训提供依据,以满足生产的需要。

⑤ 工艺文件是建立和调整生产环境,保证安全生产的指导文件。

⑥ 工艺文件是企业进行经济核算的重要材料。

⑦ 工艺文件是加强定额管理,对企业职工进行考核的重要依据。

5.3.2 工艺文件的编制

1. 工艺文件的编制原则

工艺文件的编制,应以优质、低耗、高产为宗旨,结合企业、产品的实际情况进行编制。工艺文件编制的基本原则如下:

① 根据产品的批量、性能指标和复杂程度编制相应的工艺文件。对于简单产品,编制的内容要简明扼要;对于复杂的产品,编制就要完整、细致;对于未定型的产品,可不编制工艺文件,或编写主要部分的工艺文件。

② 根据企业的装备条件、工人的技术水平和生产的组织形式来编制工艺文件。

③ 工艺文件应以图为主,做到通俗易读,便于操作,必要时可加注简单的文字说明。

④ 凡属装调工应知应会的工艺规程内容,可不编入工艺文件。

2. 工艺文件的编制要求

① 电子工艺文件的编制是根据生产产品的具体情况,按照一定的规范和格式完成的;为保证产品生产的顺利进行,应该保证工艺文件的完整齐全(成套性),并按一定的规范和格式要求汇编成册。

② 工艺文件中使用的名称、符号、编号、图号、材料、元器件代号等,要符合国标或部标规定。书写要规范、整齐,图形要按比例准确绘制。

③ 工艺文件中尽量引用部颁通用技术条件、工艺细则或企业标准工艺规程,并有效使用工装具、专用工具、测试仪器设备。

④ 编制关键工序及重要零部件的工艺规程时,应详细写出各工艺过程中的工序要求、注意事项、所使用的各种仪器设备工具的型号和使用方法。

5.3.3 工艺文件的管理

1. 工艺文件的编号

工艺文件的编号是指工艺文件的代号,简称"文件代号"。它由四个部分组成:企业区分代号、该工艺文件的编制对象(设计文件)的十进制分类编号即设计文件十进制分类编号、工艺文件检验规范的简号以及区分号,如图 5.6 所示。

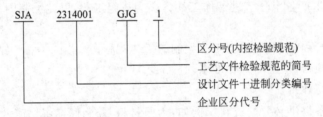

图 5.6 工艺文件编号

第一部分,"企业区分代号",由大写的汉语拼音字母组成,用以区分编制文件的单位,例如图中的"SJA"即上海电子计算机厂的代号。

第二部分,"设计文件十进制数分类编号"。

第三部分,"工艺文件检验规范的简号",由大写的汉语拼音字母组成,用以区分编制同一产品的不同种类的工艺文件,图中的"GJG"的意思是"工艺文件检验规范"的简号。常用的工艺文件简号规定如表 5.3 所示。

表 5.3 工艺文件简号规定

序号	工艺文件名称	简号	字母含义
1	工艺文件目录	GML	工目录
2	工艺线路表	GBL	工路表
3	工艺过程卡	GGK	工过卡
4	元器件工艺表	GYB	工元表
5	导线及扎线加工表	GZB	工扎表
6	各类明细表	GMB	工明表
7	装配工艺过程卡	GZP	工装配
8	工艺说明及简图	GSM	工说明

续表

序号	工艺文件名称	简号	字母含义
9	塑料压制作工艺卡	GSK	工塑卡
10	电镀及化学工艺卡	GDK	工度卡
11	电化涂覆工艺卡	GQK	工涂卡
12	热处理工艺卡	GRK	工热卡
13	包装工艺卡	GBZ	工包装
14	调试工艺	GTS	工调试
15	检验规范	GJG	工检规
16	测试工艺	GCS	工测试

对于填有相同工艺文件名称及简号的各工艺文件,不管其使用何种格式,都应认为是属同一份独立的工艺文件,它们应在一起计算其张数。表 5.4 所示为各类工艺文件用的明细表及简号代码。

表 5.4 工艺文件各类明细表

序号	工艺文件各类明细表	简号
1	材料消耗工艺定额汇总表	GMB1
2	工艺装备综合明细表	GMB2
3	关键件明细表	GMB3
4	外协件明细表	GMB4
5	材料工艺消耗定额综合明细表	GMB5
6	配套明细表	GMB6
7	热处理明细表	GMB7
8	涂覆明细表	GMB8
9	工位器具明细表	GMB9
10	工量器件明细表	GMB10
11	仪器仪表明细表	GMB12

第四部分,"区分号",当同一简号的工艺文件有两种或两种以上时,可用标注脚号(数字)的方法以区分的工艺文件。

2. 工艺文件的管理要求

电子工艺文件的编制,应根据电子产品的特点和生产的具体情况,按照一定的规范和格式完成,并保证工艺文件的完整齐全(成套性),汇编成册。

中华人民共和国电子行业标准(SJ/T 10324—1992)对工艺文件的成套性提出了明确的要求,分别规定了电子产品在设计定型、生产定型、样机试制或一次性生产时,工艺文件的成套性标准。工艺文件的成册要求是指,对某项产品成套性工艺文件的装订成册要求。它可按设计文件所划分的整件为单元进行成册,也可按工艺文件中所划分的工艺类型为单元进行成册,同时也可以根据其实际情况按上述两种方法进行混合交叉成册。成册的册数根据产品的复杂程度可成为一册或若干册,但成册应有利于查阅、检查、更改、归档。通常,整机类电子产品在生产过程中,工艺文件应包含的主要项目包括以下内容。

① 工艺文件封面。工艺文件封面装在成册的工艺文件的表面。封面内容应包含产品类型、产品名称、产品图号、本册内容以及工艺文件的总册数、本册工艺文件的总页数、在全套工艺文件中的序号、批准日期等。

② 工艺文件明细表。工艺文件明细表是工艺文件的目录。成册时，应装在工艺文件的封面之后。明细表中应包含零部整件图号、零部整件名称、文件代号、文件名称、页码等内容。

③ 材料配套明细表。材料配套明细表给出了产品生产中所需要的材料名称、型号规格及数量等。

④ 装配工艺过程卡。装配工艺过程卡又称工艺作业指导卡，它反映了电子整机装配过程中，装配准备、装联、调试、检验、包装入库等各道工序的工艺流程。它是完成产品的部件、整机的机械性装配和电气连接装配的指导性工艺文件。

⑤ 工艺说明及简图。工艺说明及简图用来编制在其他格式上难以表达清楚、重要的和复杂的工艺。它用简图、流程图、表格及文字形式进行说明。

⑥ 导线及线扎加工表。导线及线扎加工表为整机产品、分机、部件等进行系统的内部电路连接，提供各类相应的导线及扎线、排线等的材料和加工要求。

⑦ 检验卡。检验卡提供电子产品生产制作过程中所需的检验工序，它包括检验内容、检验方法、检验的技术要求及检验使用的仪器设备等内容。

5.3.4 调试工艺文件

调试工艺文件是产品工艺文件中的一部分，它属于工艺规程类的工艺文件。调试工艺文件是工厂或企业的技术部门根据国家或企业颁布的标准（一般企业标准要高于国家标准，有的产品为达到更高的质量，还有内控标准）及产品的等级规格拟定的，是用来规定产品生产过程中，调试的工艺过程、调试的要求及操作方法等的工艺文件，是产品调试的唯一依据和质量保证，也是调试人员的工作手册和操作指导书。

1. 基本内容

无论是整机调试还是单元部件调试，在生产线上都是由若干工作岗位完成的，因此，调试工艺文件的基本内容应包括以下几项。

① 调试工位的顺序及岗位数。

② 各调试工位的工作内容，即每个工位制定的工艺卡，其工艺卡包括的内容如下：

- 各工位需要人数及技术等级、工时定额。
- 需要的调试仪器、设备、工装及工具、材料。
- 调试线路图，具体接线和具体要求。
- 调试资料及要求记录的数据、表格等。
- 调试的技术要求及具体方法、步骤。这是工艺卡的主体，要求具体、明确，例如用示波器观察某点的信号波形，应标明示波器各功能旋钮的具体档位，连接电缆的具体连接点，具体波形图及误差允许的范围，实际波形显示的"格"数。

③ 调试工作的特殊要求及其他说明。如安全操作规程，调试条件，注意事项，调试责任人的签署及交接手续等。

2. 调试工艺文件的制定原则

① 根据产品的规格等级、性能指标及使用方向，确定调试项目及要求。

② 应充分利用本企业的现有设备条件，使调试方法、步骤合理可行，操作者方便安全。

尽量利用先进的工艺技术,提高生产效率和产品质量。

③ 调试内容和测试步骤应尽可能具体,可操作性要强。

④ 测试条件和安全操作规程要写仔细清楚。测试数据尽可能表格化,便于综合分析。

5.3.5 工艺调试方案

工艺调试方案是根据产品的技术要求和设计文件的规定以及有关的技术标准,制定的调试项目、技术指标要求、规则、方法和流程安排等总体规划和调试手段,是调试工艺文件的基础。

调试方案的制订应从技术要求、生产效率要求和经济要求等三个方面综合考虑,才能制定出科学合理,行之有效的调试方案。

1. **技术要求**

保证实现产品设计的技术要求是调试的首要任务。将系统或整机技术指标分解落实到每一个单元部件的调试技术指标中,被分解的指标要能确保在系统或整机调试中达到设计技术指标要求。在确定调试指标时,为了留有余地,一般各单元调试指标定得比整机调试的指标高,而整机调试指标又比设计指标高。

例如,某毫伏表整机额定指标要求误差≤2.5%,设计整机指标定为2.3%,整机调试指标应≤2.3%;因而可把整机调试指标误差定为2.2%,而每个部件单元误差指标,应根据该部件在整机中作用和位置各自不同,这些指标综合的结果使整机误差≤2.2%。从技术要求角度讲,各单元的指标越高,整机指标就越容易实现。指标分配还要根据调试实现的难易来合理安排。否则,可能使方案失败。

2. **生产效率要求**

提高生产效率具体到调试工序中,就要求调试尽可能简单方便,省时省工,以下几点是提高调试效率的关键。

① 调试仪器、设备的选用。通用仪器、设备操作一般较复杂,对规模生产而言,每个工序应尽量简化操作,因此,应尽可能选用专用设备及自制工装设备。

② 调试步骤及方法应尽量简单明了,仪表指示及监测点数不宜过多(一般超过三个监测点时,就应考虑采用声、光等监测信息)。

③ 尽量采用先进的智能化设备和先进的调试方法,以降低对调试人员技术水平的要求。

3. **经济要求**

经济要求即要求调试工作成本最低。总体上说经济要求与技术要求、效率要求是一致的,但在具体工作中往往又是矛盾的,需要统筹兼顾,寻找最佳组合。例如:技术要求高,能保证产品质量和企业信誉,经济效益必然高,但如果调试技术指标定得过高,将使调试难度增加,成品率降低,而引起经济效益下降;效率要求高,调试工时少,经济效益必然高,但如果只强调效率而大量研制专用设备或采用高价值智能调试设备而使设备费用增加过多,也会影响经济效益。

思考与练习

1. 什么是工艺文件?它有何作用?工艺文件和设计文件有何不同?
2. 请编写家用电热水器的技术说明书和使用说明书。

附录A

电子产品的设计文件格式

设计文件

第　　册
共　　册
共　　页

文件类别：
文件名称：
产品名称：
产品图号：
本册内容：

批准：

年　月　日

设计文件目录		产品名称		计划生产件数	
序号	工艺文件名称		页号	备注	
1	封面		1		
2	目录		2		
3	原理图及设计说明		3		
4	元器件明细表		4		
5	产品功能及使用说明		5		

旧底图总号	更改标记	数量	更改单号	签名	日期		签名	日期	第 页
						拟 制			共 页
底图总号						审 核			第 册
						标准化			共 册

	原理图及设计说明				产品名称					
旧底图 总　号	更改 标记	数量	更改 单号	签名	日期		签名	日期	第　页
						拟　制			共　页
底　图 总　号						审　核			第　册
						标准化			共　册

元器件明细表		产品名称			
序号	元器件类型	位号		元器件参数	备注

旧底图总号	更改标记	数量	更改单号	签名	日期		签名	日期	第　页
						拟　制			共　页
底图总号						审　核			第　册
						标准化			共　册

	产品功能及使用说明					产品名称				
旧底图总号	更改标记	数量	更改单号	签名	日期		签名	日期	第 页	
						拟 制			共 页	
底 图总 号						审 核			第 册	
						标准化			共 册	

附录B

电子产品的工艺文件格式

工 艺 文 件

第　　册
共　　册
共　　页

文件类别：
文件名称：
产品名称：
产品图号：
本册内容：

批准：

年　月　日

工艺文件目录		产品名称		计划生产件数	
序号	工艺文件名称		页号	备注	
1	封面				
2	目录				
3	工艺流程图				
4	元器件清单				
5	仪器仪表明细表				
6	电气安装图(表)				
7	调试单卡				

旧底图总号	更改标记	数量	更改单号	签名	日期		签名	日期	第 页
						拟制			共 页
底 图总 号						审核			第 册
						标准化			共 册

工艺流程图		产品名称	产品图号

工 艺 流 程 图

示例：

印制板送加工 → 元器件预成型 → 焊接贴片元件 → 插入直插元件 → 焊接直插元件 ↓
整机包装 ← 整机调试(3) ← 整机调试(2) ← 整机调试(1) ← 整机总装

旧底图总号	更改标记	数量	更改单号	签名	日期		签名	日期	第 页
						拟 制			共 页
底图总号						审 核			第 册
						标准化			共 册

元器件清单		产品名称		产品图号	
序号	器件类型	器件参数	数量	备注	

旧底图总号	更改标记	数量	更改单号	签名	日期		签名	日期	第 页
						拟 制			共 页
底图总号						审 核			第 册
						标准化			共 册

仪器仪表明细表		产品名称		产品图号	
序号	器件类型	器件参数	数量	备注	

旧底图总号	更改标记	数量	更改单号	签名	日期		签名	日期	第 页
						拟 制			共 页
底图总号						审 核			第 册
						标准化			共 册

线缆连接图(表)		产品名称			产品图号				

旧底图总号	更改标记	数量	更改单号	签名	日期		签名	日期	第 页
						拟 制			共 页
底 图总 号						审 核			第 册
						标准化			共 册

调试单卡		产品名称		调试项目	

旧底图总号	更改标记	数量	更改单号	签名	日期		签名	日期	第 页
						拟 制			共 页
底图总号						审 核			第 册
						标准化			共 册